实用穿搭术
万能基础款搭出时尚范

[日]和香（Nodoka）　著

陈星好　译

电子工业出版社·

Publishing House of Electronics Industry

北京·BEIJING

学穿衣搭配，做时尚达人！

白色 T 恤衫、横条纹 T 恤衫、牛仔裤、黑色开司米针织衫。

这四样服装大家都有吗？

尤其是白色 T 恤衫、横条纹 T 恤衫、牛仔裤，这三样服装肯定每个人都穿过。即使你没有黑色开司米针织衫，但是我想你一定有黑色针织衫吧。

这些服装堪称经典中的经典，因为穿着极其方便，经常成为人们穿衣的首选。但在外出时，你或许有过这样的担心——同样穿着横条纹 T 恤衫，但是好像比较失败。

虽说如此，时尚达人却一致认为，要想穿出时尚感，必须掌握这些服装的搭配方法。如果没有这些服装，时尚就不成立，因为这些服装是时尚搭配的主角或者重要配角。

的确如此，能把这四样衣服搭配得非常时尚的人，无疑是时尚达人。那么，时尚达人为什么能把这些衣服搭配得如此时尚呢？

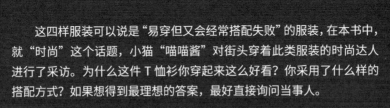

　　这四样服装可以说是"易穿但又会经常搭配失败"的服装，在本书中，就"时尚"这个话题，小猫"喵喵酱"对街头穿着此类服装的时尚达人进行了采访。为什么这件 T 恤衫你穿起来这么好看？你采用了什么样的搭配方式？如果想得到最理想的答案，最好直接询问当事人。

　　本书每种单品采访 30 人，共 120 人，搭配样式、类型多种多样。采访对象以女性为主，但也包括男性，不受年龄限制，范围广泛。虽然性别和年龄不同，但是服装搭配的要点相同。无论是哪一种搭配都可以模仿（当然，也可以让你的男朋友或丈夫也试一试）。

　　从你喜欢的搭配样式、自己能够掌握的单品服饰开始学习吧！

　　在早晨穿衣时，如果能把这些穿着方便的服饰搭配得自然、时尚，既可以节省时间，又可以增强自信心，而且这几款单品在优衣库服装店里不用花太多钱就可以买到，可以说是非常方便。

　　那么，我们就跟那些时尚达人一起，学习时尚搭配的秘诀吧！

CONTENTS
目录

CHAPTER 1

搭配白色 T 恤衫，一切都会很时尚

CHAPTER 2

横条纹 T 恤衫，凸显可爱和华丽

CHAPTER 3

牛仔裤可以把你塑造成漂亮的小姐姐

CHAPTER4

一件黑色开司米针织衫足以体现高雅感

搭配白色T恤衫，一切都会很时尚

圆领和V领T恤衫是非常值得拥有的。

CHAPTER 1

01.

白色T恤衫可以增添运动感

外套 _ BEAUTY & YOUTH
　　　UNITED ARROWS
T恤衫 _UNIQLO
裙子 _COS
包 _ZAKKA-BOX
鞋 _FABIO RUSCONI

个人资料

36岁/办公室文员/喜欢收
集香薰蜡烛

白色 T 恤衫的优点，就是可以为穿着者增添运动感。**无论是什么样的搭配，运动感增强了，看起来就显得时尚、漂亮。**这是最基本的穿搭技巧，大家一定要记住。

如果你想把艳丽的裙子搭配得非常时尚，一定要穿一件白色 T 恤衫。

艳丽的裙子很有女人味，白色 T 恤衫会让艳丽的花纹更好看。女人味加上清爽感，可以说是非常时尚的。顺便说一下，如果穿的是 V 领 T 恤衫，会更有女人味。

另外，还有一个时尚要点就是登山服。登山服原本是登山时穿着的衣服，所以本身就运动感十足。白色 T 恤衫搭配登山服，一方面可以体现女人味，另一方面可以增添运动感。

如果戴上连衣帽，面部会变得神采奕奕，女人味十足。因为连衣帽是尼龙的，所以一定要选有光泽的，这样别人就不会认为你要去登山了。

此外，我最近还发现，在穿登山服时，佩戴大圈耳环，会显得非常性感、可爱，大家不妨试一下。

要点
小提示

☑ 白色 T 恤衫搭配登山服，会显得很时尚。

☑ 如果搭配连衣帽，会显得很有女人味。

确实是。

喵喵酱，你总也太暴露了吧！

穿连衣裹裙，即使刮大风也不会走光。

02.

白色圆领T恤衫，显得健康、可爱

外套 _GU
T 恤衫 _UNIQLO
裙子 _GU
包 _New Balance
鞋 _New Balance

个人资料

大学生/喜欢原宿/与可丽饼
相比，更喜欢韩式烧饼

白色圆领 T 恤衫的作用就是凸显健康、可爱。圆领的好处就是露出的部分少，穿的时候不用担心胸部走光，形象很优雅。**V 领让人感觉你有女人味，与之相比，圆领让人显得更可爱。**

今天这套搭配的要点是把彩虹色组合在一起，使用可爱的中间色。我很想搭配许多可爱的颜色，但是如果看起来很奇特，就比较失败了。因此，我在选择服装时，选择了有运动感的服装。今天我也同样搭配了一款紫色的包，还有薄荷绿的裙子，但只有颜色能凸显可爱。在选裙子时，不要选到膝盖的，应该选择到脚踝的。另外再搭配上有 Logo 的挎包、运动凉鞋、T 恤衫，这些有运动感的单品，就会显得可爱、时尚，不仅不会看起来奇特，反而会显得非常时尚，这种搭配技巧值得大家借鉴。

此外，还有一个要点，就是要选择浅色系的服装，这样可以使你的多色搭配看起来非常时尚。如果全是浅色系的服装，颜色再多，整体搭配风格也会保持一致。**另外，在选择挎包时，选择斜挎长度在腰部以上的，这样重心会提高，腿看起来很修长。**

要点
小提示

☑ 在多色搭配时，选择运动型的单品。

☑ 如果用浅色搭配，颜色再多也没问题。

03.

宽松的开衫搭配米色帆布鞋，可爱中凸显性感

开衫 _ 3rd Spring
T 恤衫 _UNIQLO
牛仔裤 _UNIQLO
包 _Donoban
鞋 _CONVERSE

个人资料

23岁/优衣库店员/喜爱听音乐会

宽松的开衫搭配米色帆布鞋，明明是可爱的搭配样式，为什么会让人感觉性感呢？这可能是一种顶级的搭配方式吧。

首先要选择大码的开衫，**长袖、落肩式开衫看起来可爱、性感。**

其次，帆布鞋必须选米色的，当下米色帆布鞋极其流行。当然无论是什么颜色的帆布鞋，从形状方面来看，与其他运动鞋相比，帆布鞋的样式规整，显得成熟，再加上接近肌肤的米色，会呈现一种裸感。当然这种搭配也可以稍添色彩，这种不起眼的色彩添加，其实是非常高明的。此外，这种搭配不要选择穿紧身牛仔裤，因为宽松正是体现可爱的关键。

什么颜色的开衫都可以，不仅可以是艳色的，也可以选黑色的、海军蓝的。因为面料厚，网眼大，所以无论是什么颜色的，都能成为搭配的主角。与此同时，其他单品全部选浅色系的，因为主要目的是想衬托出开衫的可爱，所以其他单品不要太张扬。顺便说一下，银色挎包可以与任何颜色搭配，属于万能单品。

要点
小提示

☑ 面料厚、网眼大的开衫是搭配的主角。

☑ 银色挎包可以与任何颜色搭配，有存在感，值得拥有。

整体宽松是重点哦。

同样是开衫与牛仔裤搭配，感觉完全不一样哦。

04.

很有品位
西装里面配白色T恤衫，

西服 _ 组曲（日本知名女装品牌）
T 恤衫 _UNIQLO
裙子 _Joint Space
包 _VASIC
鞋 _mamian

个人资料

33岁/擅长做红酒小吃/正
在找男朋友

西服里面应该搭配什么好呢？当你为此烦恼的时候，可以尝试搭配白色 T 恤衫。**西服里面搭配白色 T 恤衫，这种组合大家一定要记住。**

西服虽然是正装单品，但是如果里面搭配白色 T 恤衫，可以增添运动感。想象一下，如果不是白色 T 恤衫，而是真丝衬衫会怎么样呢？俨然成了入学典礼的"守护者"。西服这种单品，如果搭配不好，就会显得很土气，如果搭配一件白色 T 恤衫，瞬间就会变得很时尚。增添运动感后，整体看起来非常时尚。

另外，如果白色圆领 T 恤衫搭配链条项链，会使面部看起来很华丽。哪怕搭配一条小项链，看起来也会比较显眼，所以，可以选择 2 毫米左右粗细的项链。如果戴银项链，即使粗一点儿也没问题，比金项链看起来更酷、更帅气。

此外，可以备一条缎面裙子，相当实用。因为缎面裙子可以增添高级感，如果搭配 T 恤衫，就会营造一种高级感与运动感并存的高级氛围。但话又说回来，这种效果只有穿了 T 恤衫之后才能体现出来，所以 T 恤衫是关键。

要点
小提示

☑ 白色圆领 T 恤衫搭配粗一点儿的链条项链。

☑ 搭配蛇皮纹矮腰皮鞋，你就是时尚达人了。

05.

浅灰色与白色是夏季的最强组合

西服 _OZOC
T 恤衫 _UNIQLO
裤子 _OZOC
包 _Samantha Thavasa
鞋 _AmiAmi

个人资料

26岁/化妆品公司的项目评审人员/休息日不化妆

浅灰色与白色搭配会显得格外清爽。在夏天，这样搭配能体现季节感，且非常时尚。灰色越浅越好，现在我选的是西服，当然其他服装也可以。浅灰色搭配白色，是夏季的最强组合，大家不妨尝试一下。

事实上，这款西服的面料是麻混纺的，在夏天穿着极其舒适。对于那些在夏天也必须穿西服的人来说，我向你们强烈推荐。

与那些常用于西服制作的面料相比，麻料质地粗，给人一种清爽的感觉。**在夏季，棕色、海军蓝会显得很沉闷，所以建议大家选择浅灰色这类明快且接近白色的颜色。**

另外，这款桶包也是使整体搭配看起来很时尚的关键要素。圆柱体是有女人味的形状，携带一款这种形状的包，可以凸显女性的可爱。

还有，在穿西服时，如果携带一款大包，感觉就像是工作服，所以选择小物时，不要选那些有职场风格的。顺便说一下，如果你觉得包太小，什么东西都放不了，可以携带一款大手提包。即便这样，也要携带一款小包，两个一起带着，不会影响时尚感。

**要点
小提示**

☑ 夏季穿着的西服，推荐麻料的。

☑ 携带一款桶包，看起来很时尚。

小包带着也很方便哦。

蓉手机什么的，马上就能拿出来。

那么小的包，有必要带吗？

06.

很时尚

把T恤衫当作内搭来穿，

衬衫连衣裙 _A.I.C
T恤衫 _UNIQLO
裤子 _fifth
包 _Kahiko
鞋 _SESTO

个人资料

30多岁/图书编辑/买了很多
书，但好多都没看/爱喝酒

穿衬衫或连衣裙时，你是不是为选什么样的内搭而感到苦恼？一般来说，都会选吊带衫或吊带背心，但有人担心胸部走光，而且也不知道选什么颜色的好。**这时，我极力推荐把 T 恤衫当作内搭来穿。**

首先，这样搭配有运动感，也极其时尚。虽说无论搭配什么都可以，但像我身上穿的这种有透视感的贴身衬衫，如果你选吊带背心或吊带衫作为内搭，会暴露身体的线条，显得不文雅。如果把它换成 T 恤衫，即便是有透视感的衣服，穿起来也会显得文雅、时尚。

顺便说一下，当你穿大码服装时，可以尝试把所有衣服的颜色换成浅色的。因为衣服所占的面积是比较大的，如果你选黑色或棕色这种深色的衣服，会让人感觉阴暗、沉重，如果换成浅色的，会让人感觉明快得多。

另外，这款民族风的包很可爱吧？当你在选择民族风的服饰时，也一定要选浅色的。如果颜色花哨，"民族感"会展现出来，让人感觉有点土气。有民族风元素的服饰是非常时尚的，但购买时要注意，可以选一些颜色好掌控的、可爱的。选择流苏耳环的方法也是一样的。

要点
小提示

☑ 穿宽松服装时，要全部选浅色的，色调统一，非常时尚。

☑ 有民族风的流苏小物，要选浅色系的，不会出现失误。

虽说是彩色粉笔效果的，但感觉没有那么强烈哦。

花哨的颜色，民族感过强哦。

07.

花纹搭配花纹，很华丽

帽子 _EFFE BEAMS
外套 _UNIQLO
T 恤衫 _UNIQLO
裤子 _URBAN RESEARCH
包 _ 无印良品
鞋 _ 无印良品

个人资料

36岁/喜欢在阳台种植香草/
由东京市中心移居镰仓

是不是有人说花纹与花纹不能一起搭配？这种说法有点过时了，花纹与花纹搭配显得华丽，而且超级时尚。

花纹搭配的技巧，就是在选择花纹颜色时，选统一的冷色系或暖色系。 只要色调统一，远看风格紧凑、统一，这是非常重要的。格纹、竖条纹、横条纹，选择这些经典的花纹，搭配时就不会出现失误。建议大家先爱上星纹、碎花纹后，再开始学习搭配吧！

另外，建议大家内搭白色衣服。例如我现在身上穿的T恤衫，只要是白色的，一切都没问题，**可以起到衔接花纹的作用，整体风格紧凑、统一。**

这样搭配基本上是没问题的，如果你想搭配得更时尚，可以选择一些天然的面料，如亚麻棉（棉与麻的混合面料）和麻料，感觉柔和，无论什么样的花纹都容易搭配。

你可能会担心，如果天然材质过多，会不会看起来很松散？如果你选择一些质地较硬的小物，如包、鞋等，看起来就不会松散。不用所有都选，选两样以上就可以了。

要点
小提示

☑ 花纹与花纹搭配，可加入白色进行衔接。

☑ 天然材质较多时，可以选择质地较硬的单品小物来搭配。

听说你知道很多网红餐厅啊。

是的，不仅知道，还经常去光顾呢。

08.

搭配偏正式的T恤衫，短裤看起来也很时尚

外套 _Snow Peak
T 恤衫 _UNIQLO
短裤 _Snow Peak
鞋 _TEVA

个人资料

40多岁/喜欢吃甜食/喜欢
的甜点是碗装甜点

如果你想把短裤穿得非常时尚，那就搭配白色T恤衫吧，但希望大家注意的是，在选择白色T恤衫时，要购买偏正式的。**所谓的"偏正式"，就是质地有光泽、尺寸合适的。**如果穿着偏正式的白色T恤衫，即使全身都穿休闲装，也会非常时尚，所以在购买的时候要精挑细选。在这里，我推荐优衣库的高级混合棉纺圆领T恤衫，可以完全满足以上要求。至于尺寸，选自己平时穿的号码就行。

另外，在选颜色的时候，要选成熟一点儿的，黑色、海军蓝、灰色、卡其色等常用于制作西服的颜色都可以。T恤衫、短裤、凉鞋搭配在一起，简洁又不土气。

唯独帽子可以选颜色鲜艳的，看起来有点儿调皮。但是即便选择艳色的，也要选择与衣服相近的颜色，不要选正红色、正黄色的。**顺便说一下，这种简单的组合，可以搭配一些小物，例如帽子、眼镜，当然其他的也可以，这样看来会非常时尚。**小物可以使整体搭配看起来有立体感，如果全身都穿休闲装，这样的搭配相当不错。对于平时戴眼镜的人来说，也是相当不错的选择。牛仔裤再搭配精致的白色T恤衫、无檐帽，看起来不是一般的时尚。

要点小提示

☑ 帽子、包、眼镜等选取其中一样进行搭配。

☑ 衣服的颜色选西服常用的颜色。

穿短裤的时候，如果不搭配一些小物，看起来像小学生。

我要成为"捕虫王"。

09.

白色Ｔ恤衫搭配款式大胆的下半身服装，变身海外丽人

T恤衫 _UNIQLO
裙子 _YANUK
包 _GUCCI
鞋 _CONVERSE

个人资料

30多岁/喜欢VERY杂志/
一周做一次自己擅长的干炸
食品

你是不是经常看到海外丽人穿白色 T 恤衫？所以，我研究了一下如何穿搭才能像海外丽人。

其实方法很简单，**选择开衩的下半身服装，就会呈现海外丽人的气质。**今天我穿的是一条大开衩的牛仔裙，当然短裤、迷你裙也可以，关键是是否有大胆的开衩，或者大胆露出身体的设计。即便颜色、花纹艳丽，如果款式普通，就不会有这样的效果，一定要注意这一点。**只要有大胆开衩的设计，就是能呈现海外丽人气质的单品。**

顺便说一下，不要选择领口收缩且有褶皱的 T 恤衫，这样的 T 恤衫体现不出海外丽人的气质。没错，皱皱巴巴的衣服不可能体现出海外丽人的气质。我今天穿的这款是优衣库的 T 恤衫，我经常买来穿。

这样搭配足够体现海外丽人的气质。另外，在选择挎包时，选能够体现海外丽人气质的挎包，这也是有技巧的。可以选择大的、质地较硬的、拼块样式的，是不是品牌货无所谓，不过我的这款包是品牌的。没有图案的挎包会有一种契合感，可以进一步提升你海外丽人的气质。运动鞋，我极力推荐棕色帆布鞋，与白色相比，看起来更时尚，是值得购买的单品。

要点小提示

☑ 不要选领口松垮的 T 恤衫。

☑ 选包时，选择大的、质地较硬的、拼块样式的，更能体现海外丽人的气质。

喵喵酱，用太阳镜遮住你的眉毛试试看。

我不适合戴太阳镜啊。

哎呀，立刻感觉好多了。

10.

白色T恤衫使高级单品看起来更高级

T恤衫 _UNIQLO
裤子 _RED CARD
包 _CELINE
鞋 _PELLICO

个人资料

20多岁/被搭讪是常事/喜欢
按照个人喜好决定饮食

如果你有名贵的包和首饰，肯定会很高兴吧？如果你想尽情地享受这些单品带来的快乐，我向你推荐一种搭配方案——**白色T恤衫搭配牛仔裤。这种搭配不张扬，可以使你佩戴的高级单品更引人注目。**当然，下半身不搭配牛仔裤也可以，只要是不引人注目的服装就可以。

同时，在你选鞋子的时候，要选偏正式的，例如无带浅口皮鞋、乐福鞋等，这些更能体现高级感。当然，纯白的皮质运动鞋也可以，但是如果普通运动鞋弄脏了，就体现不出高级感了，这一点需要注意。

另外，是不是高级单品无所谓。如果你想让喜欢的单品引人注目，这样搭配就行。不过需要注意的是，至少要佩戴一件看起来比较像样的小物。**哪天你想用白色T恤衫搭配牛仔裤的时候，一定要佩戴一件小物，可以选皮包，也可以选银首饰、铂金首饰、黄金首饰。**这样搭配，白色T恤衫与牛仔裤就成了最前沿的时尚组合。不一定非要选择价格昂贵的单品，只要价格在自己能够接受的范围就行。

要点小提示

☑ 选择偏正式的高跟鞋、无带浅口皮鞋、乐福鞋就可以。

☑ 下半身服装选择不引人注目的、简单的就可以。

11.

穿背带裤时，只有黑白搭配

T恤衫_UNIQLO
裤子_URBAN RESEARCH
　　　Sonny Labe
包_SLY
鞋_TEVA

个人资料
___

30岁左右/有3个孩子/因为
时尚，有很多人咨询方法/
擅长搭配儿子观看棒球比
赛时穿的防寒服

我特别喜欢穿背带裤，因为看起来很可爱。可能有些人会担心穿背带裤会让人回忆起孩提时而有所顾虑，但是背带裤呈现的可爱是其他服装体现不出来的，如果放弃就太可惜了，所以我极力推荐背带裤。

首先，颜色要选黑色的，这样看起来不幼稚。**其他颜色的就不是背带裤了。**样式要选肩带窄的、没有前胸补块的，如果有前胸补块，就回到20世纪80年代了，这一点大家一定要牢记。

另外，整体要黑白搭配。主要是黑白搭配，无论什么服装，看起来都很酷。像一些休闲服装、超级可爱的服装，如果你不知道如何搭配，都可以选白色或黑色的，整体的穿衣品位看起来会很不错。

此外，上衣要选白色的。我身上穿的是 T 恤衫，其他的像无袖衬衫或夏季针织衫，只要是白色的都没问题。黑白横条纹 T 恤衫也可以，时尚感十足。

因为背带裤整体是黑色的，感觉比较沉重，所以裸露一点儿肌肤，或者戴一些有清爽感觉的小物，会缓解这种沉重感。

要点
小提示

☑ 选背带裤要选肩带窄、没有前胸补块的。

☑ 白色上衣最适合搭配背带裤。

白色上衣最适合搭配背带裤。

请你把这个也戴上吧。

12.

大号双肩包 白色T恤衫最适合搭配

T 恤衫 _UNIQLO
圆领衫 _ASTRONOMY
裤子 Dickies
包 _BACH
鞋 _Reebok

个人资料

双肩包里装着笔记本电脑/行走时背着两个大容量充电宝/每天早晨在7号西餐厅买咖啡

如果想使你的双肩包看起来很酷，可以选择跟后背大小差不多的黑色大号双肩包。虽然小的双肩包看起来很可爱，**但是如果想使你的双肩包看起来很时尚、很酷，一定要选大号的。**如果女性也想采用这种时尚搭配方案，一定要选大号双肩包。如果你想更时尚，可以选方形的、质地较硬的双肩包，效果最好。你选的双肩包，只要放下不会歪倒就足够了。

搭配大号双肩包时有一个要点，就是衣服的颜色要选黑色、白色、藏青色等素色的，因为双肩包是主角，所以搭配白色T恤衫和牛仔裤这些普通的衣服就足够了，看起来非常时尚，可以说白色T恤衫是最合适的。说实话，我觉得挑选衣服很麻烦，所以买了一个大号双肩包，每天都感谢它给我带来的便利。但是有一点希望大家注意，如果双肩包的颜色、图案很鲜艳，就会显得很幼稚。

另外，还有一个技巧，就是把圆领衫从T恤衫下摆处露出一点儿。拥有一件这样的长款圆领衫，不仅方便，还可以防止穿内衣时透出汗渍来。

要点小提示

☑ 大号双肩包搭配白色T恤衫最时尚。

☑ 把圆领衫从T恤衫下摆处露出一点儿。

稍微露出一点儿，真可爱。

13.

把 T 恤衫的袖口挽一下，高级时尚感超强

T 恤衫 _UNIQLO
裤子 _COS
包 _HAYNI.
鞋 _Odette e Odile

个人资料

40多岁/图书编辑/善于听取
别人的意见/两个男孩的母亲

一个小而实用的技巧，大家把 T 恤衫的袖口挽上去试试看。**这样就会出现一个穿着随意，但看起来非常时尚的人。**T 恤衫挽起的部位有分量感，可以使你的胳膊看起来细长。如果你选的 T 恤衫稍大，还会有一种轻松感，选比平时穿的尺寸大一码的就可以。大的 T 恤衫有一种轻松感，所以我建议你除了备一件平时穿的尺寸的 T 恤衫，还可以备一件稍大的。

另外，对于平时必须携带大包的人来说，我向你推荐打孔包。所谓"打孔包"，就是用打孔器非常规则地进行开孔的包。因为有孔，透视感强，即使包很大，看起来也不会很重。我推荐浅色的，当然驼色、杏灰色等的也可以。但要避免选大的、黑色的包，那样的包看起来很重，纯属"工作用包"。

竖长款式的包看起来很酷，也很成熟。如果你选大的饰品进行装饰，要选中空的，即便尺寸大，看起来也不会有负重感。

要点小提示

☑ 打孔包即使很大，看起来也很轻便。

☑ 如果选大的饰品，要选中空的。

同样的装扮，换一下包和鞋子，会变得很休闲哦。

14.

夏季穿浅色衣服，很洋气

T恤衫 _UNIQLO
裤子 _Theory
包 _HAYNI
鞋 _TOMS

个人资料

20多岁/喜欢吃刨冰/熟知吃
刨冰不头疼的秘诀

因为夏季天气炎热，无法穿西服，这时可以选浅色衣服进行搭配。就像我身上的这套服装，全是浅色的。在夏季，浅色的衣服看起来很凉爽，也很时尚。白色 T 恤衫与凉爽的浅色系衣物搭配，的确很时尚。

时尚之人一般会选海军蓝或黑色的单品，让自己看起来很干练，这无疑是一种时尚法则。不过你可以尝试换一下风格，全部用浅色来搭配，这也是一种新的时尚法则。

夏季穿衣搭配还有另外一个要点，就是至少要搭配三件小首饰，例如耳环、手镯、项链等，当然项链叠戴也可以。相比大的东西，小首饰看起来有凉爽感。另外，首饰尽量选银色的，不仅颜色看起来有凉爽感，而且还有光泽感。不能忽视小小的光泽感，可以衬托你美丽的肌肤。在夏季，如果有光泽感，时尚感会倍增，所以不要忘记让你的头发也体现出光泽感。别担心，这很简单，抹一点儿发油即可，这样可以避免因为夏季炎热带来的酷热感。

要点
小提示

☑ 正确佩戴小首饰，看起来十分凉爽。

☑ 在夏季，如果有光泽感，时尚感会倍增。

你好像不出汗啊。

即便是夏天，也很凉爽哦。

汗还是会出的。

只不过看起来凉爽而已。

15.

点缀黑色，会让你的衣服看起来更高档

T恤衫 _UNIQLO
裙子 _nano universe
包 _JUNGLE JUNGLE
鞋 _UNIQLO

个人资料

20多岁/跟高中时的朋友关系依然很好/参加宴会时，负责计算费用

我擅长将廉价的衣服搭配出高档衣服的感觉。别人常对我说："你平时穿的衣服真高档啊！"其实，我穿的衣服几乎都是廉价品。将廉价的衣服搭配出高档衣服的感觉，已经成了我的一项特长。

让衣服看起来高档，有两个要点。首先是用黑色小物点缀。例如，我手里拿的包，提手和流苏都是黑色的，鞋也是黑色的。这款爱斯帕德利鞋，是用帆布面料制作而成的，很休闲，因为是黑色的，所以显得成熟、稳重。不用全身都穿黑色的衣服，只用黑色来点缀就足够了。

另外一个要点是，选质地较硬的单品。例如，今天我穿的是亚麻混纺长裙，这种面料比较硬，比那些蓬松的裙子看起来更高档。还有，笼式小挎包、耳环，看起来质地也很硬。**总之，质地硬的东西看起来就比较高档。**

总体来说，加入黑色时要选择质地较硬的单品，这样看起来高档。

此外，选 T 恤衫时要选择合身的，只要是平时穿的尺寸就可以，看起来也很高档。

要点
小提示

☑ 选择质地较硬的单品，看起来很高档。

☑ 穿正好尺寸的衣服，看起来最高档。

你好像总是穿一些很高档的衣服，从不穿廉价的衣服吧？

由美，你的包和凉鞋才高档呀！

16.

选大码T恤衫时，要选比正好大两码的

T恤衫 _UNIQLO
裤子 _Dickies
包 _THE NORTH FACE
鞋 _VANS

个人资料

大学生/做三份兼职/寻找能
提供伙食的兼职工作

今天时尚搭配的目标是帅气、粗犷。如果女性也想打扮得帅气，方法是一样的。首先选大码 T 恤衫，穿大码 T 恤衫看起来就很帅气。

这里需要注意的是，在选大码 T 恤衫的时候，要选比正好的尺寸大两码的。如果选大一码的，根本看不出来有什么变化，体现不出"尺码大"的感觉。我身上穿的是优衣库 3XL 的 T 恤衫，优衣库的服装尺寸丰富，选择大码服装时，是一个不错的选择。尽管尺码大，但布料优良，值得选择。

还有一个体现帅气的要点，就是双肩包和运动鞋的 Logo 一定要明显。对于 T 恤衫搭配牛仔裤这种简单的组合来说，Logo 是一个非常重要的时尚元素，**只要有设计个性的文字就足以体现帅气了。**

虽然原色双肩包会让你看起来比实际年龄小，但要注意，穿西服时不适合背双肩包。

要点
小提示

☑ 原色双肩包让你看起来更年轻。

☑ 如果双肩包和运动鞋 Logo 鲜明，就一定非常帅气。

17.

穿起来很放心

穿男士T恤衫不会暴露身体曲线，

T恤衫 _UNIQLO
裙子 _yuni
包 _L.L.Bean
鞋 _BIRKENSTOCK

个人资料

20多岁/性格干练/营业成绩全日本第一

夏季当你穿轻薄的衣服时，可能会担心胸部"走光"，在这里，我向大家推荐穿男士T恤衫，因为它领口紧、面料厚，不会暴露身体曲线，穿起来很放心。对于那些特别注重安全感的人，我极力推荐。男士T恤衫不仅穿起来放心，而且比较宽松，领口和袖口有空隙，衣服不会紧贴身体，还显得身材苗条。

购买男士T恤衫时的要点很简单，例如，平时选女款M码的人，可以选择男款S码，也就是比平时自己穿的小一码就可以了，**这个尺码正好能体现宽松感。**当然也可以穿丈夫或者男朋友的T恤衫，但是尺寸会多少大一点儿，这时可以把T恤衫腰部以下的部分掖到下半身服装里，卷起袖口，这样就非常漂亮了。顺便说一下，T恤衫的面料什么样的都可以，选择你喜欢的就行。

唯有一点需要注意的是，下半身要穿能凸显"女人味"的服装。裙子完全没问题，如果是裤子，可以选紧身牛仔裤，有"韩流"风格，也可以选小脚裤，能体现女人味，感觉很温柔。这样的搭配，能呈现一种帅气与可爱的混合风格。

要点
小提示

☑ 选男士T恤衫时，选比自己平时穿的小一码的。

☑ 裙子这些能凸显女人味的服装，适合与男士T恤衫搭配。

我喜欢宽松的、质地柔软的、圆圆的东西。你知道了吧，喵喵酱。

T恤衫也很宽松哦。

我又圆又软，但是不要选我哦。

18.

百慕大短裤性感又不失优雅

西服 _green label relaxing
T 恤衫 _UNIQLO
短裤 _green label relaxing
包 _SLOBE IÉNA
鞋 _allureville

个人资料

30多岁/在医院美容皮肤科
上班/将来想移居日本以外
的亚洲国家

036

我一直以来就很喜欢穿短裤，但是随着年龄的增长，越来越不喜欢露腿了。直到发现百慕大短裤后，就开始毫无顾虑地穿了。**无论多大年龄，都可以穿，性感又不失优雅。**所谓的百慕大短裤，就是现代版的马裤，无论多大年纪的人穿都不会有什么顾虑，也不会失去短裤本来就有的可爱感。喜欢短裤的女性，一定要试试。

穿着百慕大短裤的时尚秘诀，就是选择有中缝的款式。中缝会体现出优雅感，"虽为短裤，但不失优雅"，这就是要点。百慕大短裤之所以具有不可思议的魅力，我想原因就在于短裤所体现的优雅吧。选择长度时，能露出膝盖就可以了，虽然有更长的，但是看起来腿会显短，果断地露出膝盖就行。如果选择高腰的，腿看起来会更长。

颜色方面，例如我穿的这条棕粉色的，颜色淡一点儿，看起来比较可爱。只要颜色淡一点儿，无论是什么色系穿起来都很方便，看着也舒服。另外，如果穿上袜子，看起来会很幼稚，跟短裤极不搭配，所以千万别穿袜子。

要点
小提示

☑ 穿百慕大短裤的时候，一定不要穿袜子。

☑ 脚踝系带的鞋子，可以让你的腿看起来更修长。

宽松的短裤，无论多大年纪都可以穿。

19.

T恤衫与牛仔裤都选纯白的，很洋气

T恤衫 _UNIQLO
裤子 _UNIQLO
包 _Donoban
鞋 _Re:EDIT

个人资料

就职于非营利组织/去过40
多个国家旅行/ 化妆时，唇
部只是简单化一点儿

T恤衫与牛仔裤这些简单的服装，可以毫无顾虑地穿，总之很方便。但是有一点让人感到很烦恼，就是看起来不时尚。

那么，不妨把平时穿的牛仔裤换成白色的试试。这样搭配，**别人就会觉得你是一个非常时尚的人。**仅改变颜色，瞬间会让别人觉得你是一位气质凛然、聪慧的女性。全白的搭配，非常华丽。顺便说一下，全身白色给人一种聪慧的感觉，如果是米色的，会让你看起来温柔、可爱。

选T恤衫时，选择平时穿的最适合的尺码。白色属于膨胀色，如果尺寸正好，会给人干净利落的感觉。在白色搭配较多的时候，如果你想展示自己完美的体型，不要选大尺码的，而且，一定要把T恤衫掖到裤子里。如果不这样做，过于随意，会显得很土气。

也许你会不以为然，就因为这么点儿小细节会影响到整体效果？是的，这是非常重要的，**掖进去还是不掖进去，会让你的服装搭配效果看起来截然不同。**

今天我穿的是牛仔裤，当然，如果是白色的，其他款式的裤子也可以。只要是白色的，无论是黄白色的，还是蓝白色的，都可以。

要点
小提示

☑ 不要忘记要把T恤衫掖到裤子里面。

☑ T恤衫选择平时穿的尺码。

你是想故意弄脏我的白衣服对吧？

太讨厌了吧？

今天吃咖喱乌冬面？意大利面也行吧？

20.

艳丽的衣服，只要搭配白色T恤衫，一切都好

T恤衫 _UNIQLO
短裤 _UNIQLO
包 _SAVE MY BAG
鞋 _Noela

个人资料

30多岁/喜欢过节/被年龄大的人称呼"小姐姐"

有时你是不是特别想穿一些艳丽的衣服？那一定要记住，艳丽的衣服要搭配白色T恤衫。只要搭配白色T恤衫，其余全为艳丽的服装也没问题，当然，豹纹背包与艳色搭配也可以。**白色T恤衫可以说是万能的，**清爽感可以统一个性鲜明的服装风格。所以，穿一些艳丽衣服时，首先要记住"搭配白色T恤衫"这条法则，相当实用。

事实上，豹纹是非常容易驾驭的纹样。这是因为这种纹样是以黑色和棕色为基础而形成的。因为颜色不华丽，所以常用黑色或棕色腰带、鞋子这样的单品来衔接色彩，整体风格融洽、不轻浮。另外，还希望大家记住这个要点，在选择黑色或棕色的腰带、鞋子等时，**如果搭配宽松的服装，会看上去摩登、帅气、时尚，**大家可以试试。

这款短裤，其实是优衣库的男款。如果有女性想购买男款短裤，买比平时穿的小两码就可以。因为我平时穿女款M码，所以在选择男款短裤的时候选择了XS码的。就算稍微大一点儿，系上腰带也完全没问题。优衣库的短裤，多数情况会配有裤带，可以进行尺寸调节。

要点
小提示

☑ 黑色或棕色单品搭配宽松的服装，会显得非常时尚。

☑ 在选择男性短裤时，要选比平时穿的小两码的。

你是个不礼貌的家伙！

平时不好意思穿短裤的女性，可以穿男士短裤哦。喵~

21.

因为透明，才帅气

T 恤衫 _UNIQLO
裙子 _SHIPS
包 _GU
鞋 _GLOBAL WORK

个人资料

年龄在25岁到29岁之间/出
生于大阪/当买到便宜的好
东西时，会感到无比幸福

我觉得透明的衣服是时尚的利器。看上去很优雅，事实上会凸显一种特别的性感。这款透明的长裙，你不觉得很时尚吗？尤其是在夏季穿，看起来很凉爽，时尚感更强。**上衣、包，只要是透明的，无论是什么都会有同样的效果。**

穿透明衣服的法则很简单，就是减少露出其他部位，所以圆领 T 恤衫效果最好。如果露出的部分太多，看起来会不雅观，这一点需要注意。特别是年龄稍长的人，更需要注意露出的部分。

穿透明裙子搭配内衬时，不要选短款的，要选能盖住膝盖的，这样看起来比较雅观。

顺便说一下，四边形提手挎包会进一步提升你的时尚感。如果能找到，那是相当幸运的。拥有一个这样的包，会给你带来很多好处，只不过提手的大小会左右整体的感觉。今天我的搭配风格整体属于蓬松型的，搭配这样的包，可以进一步提升自身的时尚感。如果提手是圆形的，感觉会比较柔和。

要点小提示

- ☑ 四边形提手挎包可以提升你的时尚感。
- ☑ 除透明衣服外，身体的其他部位不要露出。

你的包看起来挺贵啊！

挎包是 GU 的。

嗯？包包是『自由』的？

不是你说的『自由』啦。

注：GU 的日语读音跟"自由"相同。

22.

棕色与白色搭配，可爱至极

T恤衫 _UNIQLO
开衫 _ViS
裤子 _Classical Elf
包 _LOEWE
鞋 _ORiental TRaffic

个人资料

30多岁/西餐厅负责人/因为总站着，所以不能穿高跟鞋

当你不知道怎么搭配衣服时，试试棕色与白色的搭配，这是一种绝佳的搭配方式。**棕色属于柔和、淡雅的色调，与有清洁感的白色一起搭配，就会呈现柔和、清洁的感觉。**上身可以搭配棕色，下身可以搭配白色。

在棕色搭配白色的基础上，加入颜色鲜亮的开衫，会显得更加时尚。我身上搭配的是绿色的开衫，看起来比较知性，如果是醒目的红色，看起来不仅年轻，还会使棕色更加华丽。**冷色系看起来帅气，暖色系看起来活泼、华丽，记住这一点就行。**开衫不仅能当外套穿，搭在肩上也可以起到装饰的作用，作为一种反差色，搭配起来也非常方便。当然，除了开衫，小的挎包、鞋子、首饰也都可以。

顺便说一下，作为这种色调搭配的延伸，例如，颜色鲜艳的连衣裙搭配浅黄色或者白色小物，整体会呈现一种清爽的感觉。一定要记住，艳色最适合与白色和棕色搭配。

在搭配开衫时，造型可以很随意。解开所有的纽扣，袖子打结系在胸前，向左或向右偏移，超级时尚。像我今天的搭配，把袖子全部搭到一侧，会呈现一种轻松感，非常可爱。

要点
小提示

☑ 在搭配开衫时，造型一定要随意。

☑ 可以用开衫进行艳色搭配。

板板正正地系在正前方，俨然成为一个制片人了，要注意哦。

哎呀～哎呀～

怎么会呢?

明白了，我会注意的。

23.

白色T恤衫搭配黑色牛仔裤，经典、帅气

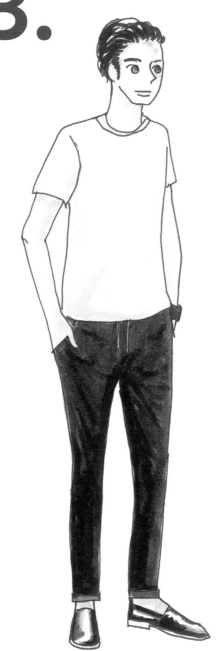

T恤衫 _UNIQLO
裤子 _ZARA
鞋 _BICASH

个人资料

35岁/喜欢兜风/曾一天往
返于东京和大阪

白色 T 恤衫搭配黑色牛仔裤是最帅气的。**这两款服装样式变化不大，是经典的大众服装**，没有花哨感，看起来非常帅气。白色的普通 T 恤衫显得清爽，黑色牛仔裤显得帅气、沉稳。清爽和沉稳，这两点包含了所有的时尚。

需要注意的是，这种组合过于简单，需要想办法让这种组合看起来不是室内便服。要点有三个，**关键点是营造"高级感"**。

第一个要点是 T 恤衫的面料。要选有光泽的，这样才有高级感，我推荐的是优衣库的高级混合棉圆领 T 恤衫。

第二个要点是裤子的样式。选择束脚裤、紧身裤这些小腿部细窄的款式。特别是束脚裤，腰部宽松，膝盖以下细窄，可以让那些介意自己腿粗、臀大的人看起来身材修长。

第三个要点是搭配皮质物。皮鞋、皮质表带手表等都可以增添高级感，可以说很完美。

要点
小提示

☑ 有光泽度的 T 恤衫可以体现高级感。

☑ 束脚裤、紧身裤让你的身材看起来修长。

我喜欢轻松的装束，裤子都是锥形裤。

锥形款式很时尚哦。

24.

海军蓝与棕色搭配，适合知识女性

西服 _SHIPS any
T 恤衫 _UNIQLO
裤子 _Classical Elf
包 _MARCO BIANCHINI
鞋 _TOD'S

个人资料

40岁左右/美食作家/忙的时候，一天去7家店

海军蓝是有女人味的颜色，显得知性、酷，冲击感没有黑色那么强烈。这种颜色搭配柔和的棕色，可以说是最强的组合，能把酷、知性与温柔这些感觉都体现出来。

尽管常用米色，但搭配的要点是要选棕色，适当更换一下是没问题的。无论哪一种颜色都要浓色系的，既能体现存在感，又有极强的新鲜感，"这个人真时尚啊！"个人的气质一下子就体现出来了。虽然都是同一色系的普通颜色，但是效果不一般。

这种搭配的好处就是颜色本身就能体现时尚感，这样基本就可以了。包、鞋不用刻意搭配，不佩戴首饰也没问题。

此外，西服里面要搭配白色T恤衫。紧凑的西服搭配有运动感的T恤衫，非常时尚。单是颜色就能体现时尚，再添上运动感，连你都觉得自己是时尚达人了。

另外，可以把西服的袖口、裤腿反卷，如果服装的前端有动感，看起来也非常时尚。

要点
小提示

☑ 西服里面搭配T恤衫，是一种时尚搭配。

☑ 把西服的袖口反卷，会显得很时尚。

穿一件西服可以体现女性的气质哦。

代替T恤衫来穿，很方便哦。

又不是在工作，怎么还穿上西服了呢？

25.

马甲搭配T恤衫，看起来很干练

T恤衫 _UNIQLO
马甲 _UNIQLO
裤子 _Uniqlo U
鞋 _Paraboot

个人资料

20岁/戴眼镜/看起来学习成绩不错，其实不行

你觉得马甲在时尚方面会起到什么作用呢？所谓"马甲"，就是去掉袖子的针织衫，可以把它当成针织衫来穿。我身上穿的马甲是小网眼的，看起来很成熟，所以搭配休闲 T 恤衫，呈现偏正式与休闲混搭的风格，看起来非常时尚。**如果某一处搭配有偏正装的元素，整体看起来就会很干练，真有点儿不可思议啊。**在某个季节来临之前，首先穿那个季节的服装，无论是什么都很时尚，所以在夏季结束时穿马甲效果最好。到了秋季，你要选择长袖 T 恤衫。在漫长的秋季里，长袖 T 恤衫是可以长期穿着的、时尚的便利服装。选择马甲时，选比平时穿的大两码的。马甲的尺寸是要以下半身穿什么为前提来选择的，所以乱选尺寸，是不合适的。

事实上，裤子也要选比平时穿的大两码的，**上下都大，身型很帅**。尺寸大一点儿，卷起裤腿，这种大码裤子就可以成为你的原创。选鞋的时候，跟脚正好。如果腰围大，可以选优衣库的皮带，性价比高，在柜台还可以免费调整尺寸（打眼）。

🐾 要点
小提示

☑ 推荐购买优衣库的皮带。

☑ 如果全身衣物的尺寸都大，会显得很时尚。

26.

从针织衫里面稍微露出一点儿白色T恤衫，很时尚

毛衣 _ROPÉ PICNIC
T恤衫 _UNIQLO
裤子 _Lian
包 _OPAQUE.CLIP
鞋 _Daniella & GEMMA

个人资料

每个月去一次美容院/魅力
中心点是脖子/喜欢耳环

在冬季穿针织衫、运动衫的时候，领部稍微露出一点儿白色 T 恤衫，会非常时尚。尤其在冬季，会多穿一些深色的、面料较厚的衣服，这时如果在脖领处露出白色 T 恤衫，感觉会很明快，也很运动，不会有沉重感。**在冬季搭配服装时，白色是非常重要的。**

如果是 T 恤衫，像我身上穿的，可以是圆领的，也可以是 V 领的。上衣的面料、领口样式都无所谓，什么样的都可以。总之，稍微露出一点儿白色就可以。对了，如果面部附近有白色衬托，就像反光板一样，可以起到提亮脸色的作用，可以说是一举两得。

我今天穿的是阔腿裤，上身的针织衫稍大，这样整体看起来就暖暖的，很可爱。如果按照实际来搭配，应该把针织衫前面部分掖到裤子里面，露出腰部，可以体现女性的身型，比较时尚，但今天我搭配时，把上衣一直耷拉下来，尝试了一下新的搭配方式。

但是，这样的搭配看起来不精神，就像是土里土气的地产从业人员的工作服，所以这时需要你在下半身搭配一些有"女人味"的服饰来弥补。方法很简单，颜色方面可以选像我身上穿着的色调柔和的衣服，面料方面选一些比较蓬松的，这样简单搭配一下就可以了。

要点
小提示

☑ 薄荷绿是百搭色调，可以用来搭配其他服装。

☑ 在冬季的服装搭配中，可以通过颜色、面料增添女人味。

从后面看到白色，也很可爱哦！

这款毛衣有两种搭配方法，V 领也可以朝后穿。

27.

如果搭配帽衫，男款是最棒的

帽衫 _UNIQLO
T 恤衫 _UNIQLO
裙子 _Auntie Rosa Holiday
包 _L.L.Bean
鞋 _adidas

个人资料

44岁/跟丈夫共享衣服/给丈夫选衣服时，选自己也能穿的

如果选帽衫，我极力推荐男款的，尤其是优衣库品牌的，这件帽衫已经是我的第三件了。

男款帽衫最大的优点就是样式普通。正因为样式普通、不奇特，所以无论是什么样的风格都可以搭配，比较像样。总之，经典款式才是最重要的。要想找普通样式的女式帽衫，是很难找到的。外形大、面料薄、颜色柔和，**优衣库的男款帽衫都能满足这几点，一定能找到理想的款式。**

首先，选帽衫的时候，要选帽子坚挺的，这样面部看起来不会太大。因为比较厚实，会显得很有高级感，代替外套来穿也毫不逊色。

最常用的颜色是浅灰色。浅灰色不夸张，无论什么风格都能搭配，是最方便搭配的颜色。尺寸方面，比平时穿的女款尺码小一码就可以，平时穿 M 码的人，男款就选 S 码吧。

帽衫是增添运动感的单品，所以下半身要搭配有女人味的服装，这样看起来非常时尚。**尤其是像我身上穿的这种长裙，很能体现女人味，很漂亮。**跟帽衫搭配在一起，感觉很酷。

要点
小提示

☑ 颜色、款式普通的帽衫最好。

☑ 长裙很能体现女人味。

如果要选帽子坚挺的帽衫，我推荐选男款的，如果你比较有耐心，也会找到不错的女款帽衫。

去优衣库的男士专卖区买，也很方便哦。

相同的款式很多。

28.

享受冬天里的暗色，
浅灰色搭配海军蓝

大衣 _UNITED ARROWS
毛衣 _UNIQLO
T恤衫 _UNIQLO
裤子 _chuclla
包 _CHARLES & KEITH
鞋 _Onitsuka Tiger

个人资料

40岁/事业型母亲/被推荐为
家长会的干事

在冬季，是不是厌倦了每天穿黑色或灰色的衣服？但是我很喜欢暗色，看起来酷，有知性美。为了使这些暗色看起来很时尚，我摸索出了一种比较理想的搭配方式，就是浅灰色与海军蓝搭配。虽然同属暗色系，但与那些冬天穿暗色服装的人相比截然不同，显得格外洋气。

浅灰色颜色淡，不会给人一种沉闷的感觉，搭配知性、沉稳的海军蓝，显得格外时尚，大家不妨试一下。

顺便说一下，里面搭配T恤衫，脖领稍微露出一点儿白色，非常时尚，而且还可以御寒。**在利用暗色系时，一定要想着在某处加入一点儿白色。**白色的包、白色的鞋，给人留下的印象完全不同。**所以在冬季搭配服装时，加入一点儿白色很重要。**可能你会觉得白色容易脏，但是成人的衣服不会很快被弄脏。

如果你还是介意白色衣服穿久了会变黄，那你可以买些便宜的。

如果里面不穿T恤衫，也可以穿白衬衫，这时需要把衬衫领子掖到毛衣里面。脖领的地方原本就很引人注目，稍微露出一点儿白色就可以了。如果把领子全部翻到外面，就过于醒目了。

**要点
小提示**

- ☑ 在冬天搭配服装时，加入一些白色，看起来很轻快。
- ☑ 圆领毛衣搭配白色T恤衫，既防寒又时尚。

喵喵酱，你怎么晒得这么黑呀？

哈哈，我们从夏威夷回来，还给你带了礼物哦。

露出一点儿白色果然看起来很清爽。

29.

学会利用补色，无论什么颜色都能搭配得很时尚

毛衣 _GU
T 恤衫 _UNIQLO
裙子 _UNIQLO
包 _ZAKKA-BOX
鞋 _CONVERSE

个人资料

图书馆管理员/戴装饰眼镜
是为了让自己看起来像图书
馆管理员/对漫画极其了解

蓝色与黄色搭配在一起，非常可爱，跟北欧家具商 IKEA 的 Logo 是同一种颜色，显眼又得体。把完全不同色调的颜色组合在一起，看起来极其时尚。但是你知道如何利用补色吗？只要学会利用补色，颜色搭配就非常简单了。

　　看一下漫画中的色相环，在色相环中，距离最远的颜色称为"补色"。例如，我身上穿的黄色裙子的补色是蓝色。再如，绿色的补色是红色。补色可以使相对的两种颜色看起来很漂亮，所以在搭配服装时，使用补色可以呈现顶级时尚。

　　我是在原色之间进行的搭配，当然无论是浅色还是暗色，只要是补色怎么搭配都可以。例如，艳黄色与暗蓝色搭配也同样可爱。漫画中的色相环是不是记起来很麻烦？确实很麻烦，**所以只记住自己喜欢的颜色的补色就可以了。**可以试着记一下衣柜里那些经常穿的衣服的补色。

　　有些人担心不知道如何搭配艳色，只要按照 9:1 的比例来搭配，是不会出错的。例如，卡其色连衣裙可以搭配酒红色无带浅口皮鞋，再搭配一点儿白色，可以把补色衔接起来，整体风格比较统一。

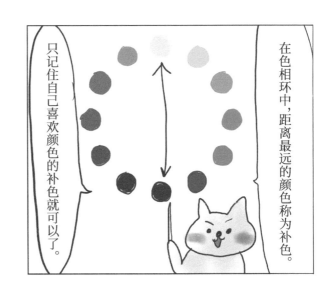

要点
小提示

☑ 在进行补色搭配时，一定要加入白色。

☑ 对补色没有把握的人，可以按照 9:1 的比例来配色。

只记住自己喜欢颜色的补色就可以了。

在色相环中，距离最远的颜色称为补色。

30.

象牙色单色搭配，冬天最强的时尚

棉服 _UNIQLO
毛衣 _TEANY
T 恤衫 _UNIQLO
裤子 _UNIQLO
包 _Hervé Chapelier
鞋 _adidas

个人资料

35岁/喜欢冬季运动/比起单板滑雪更喜欢自由滑雪

象牙色比原本就比较柔和的棕色更浅，无论是在哪个季节，我都推荐象牙色，尤其是在冬季，这种颜色最时尚。象牙色比纯白色更显暖，适合冬季搭配。

另外，可以尝试在象牙色搭配中加入一些白色，这种搭配柔和、简洁，相当不错。试一下，象牙色搭配白色 T 恤衫、运动鞋、浅灰色衣服。各种白色重叠搭配，不单调，有内涵，无论多少白色都可以。偶尔会听到有人说"搭配象牙色，看起来灰突突的"。我想可能是因为你仅搭配了象牙色的原因。可以说，无论是什么颜色都可以衬托出你的气质，**尤其是在上半身加入白色，可以使不相称的颜色一下子变得相称。所以在搭配服装时，试试里面搭配白色 T 恤衫。**如果你不能发挥出不同魅力的颜色的作用，是很可惜的。

最后，在选择双肩包时，可以选择暗色的、圆形的、面料柔软的，看起来比较时尚。

🐾 要点
小提示

☑ 象牙色搭配白色，有内涵。

☑ 成熟女性在选择双肩包时，要注意颜色、形状和面料。

在搭配时，记住把偏正装的单品与休闲单品都加入整体搭配中，一切都会很时尚。

偏正装单品

皮包
皮靴
凉鞋
浅口无带皮鞋
轻奢饰品
褶裙
蕾丝裙
双排扣大衣
羊毛大衣
裤绒裤
蓬松上衣
女士衬衫
高针毛衣

休闲单品

双肩包
大手提包
腰包
羊绒雪地靴
运动凉鞋
运动鞋
串珠耳饰
耳坠
项链
牛仔裙
牛仔裤
奇诺阔腿裤
牛仔夹克
帽衫
羽绒服
针织衫
T恤衫
低针毛衣

无论是什么样的组合搭配，把上面的"偏正装单品"与下面的"休闲单品"混搭在一起穿，一定很时尚。

横条纹T恤衫，凸显可爱和华丽

首先是黑色，其次是米色，按照这样的顺序来穿。剩下的两种颜色，自己喜欢哪种就选哪种。

CHAPTER 2

31.

穿黑色条纹T恤衫，仅黑白搭配就超级时尚

外套 _CIAOPANIC
T恤衫 _UNIQLO
裙子 _and Me...
包 _PAGEBOY
鞋 _NIKE

个人资料

34岁/就职于建筑事务所/
艺术类院校毕业

横条纹 T 恤衫应该在什么时候穿呢？简单来说，横条纹 T 恤衫是有黑色、藏青色等线条的 T 恤衫，所以和 T 恤衫的穿法是一样的。**但是比起普通 T 恤衫，横条纹 T 恤衫给人的感觉更可爱，更容易亲近，而且因为有条纹，所以看起来很华丽。**

例如我现在身上的搭配，只有黑色和白色，色调比较单一，但看上去摩登、帅气。比起纯白色 T 恤衫，黑色条纹 T 恤衫更能增加亲近感。这种搭配方法简单，但看起来很帅。我在搭配时，横条纹 T 恤衫搭配了黑色裙子，看起来确实很时尚。

黑白搭配，配上军绿色外套和小物，非常帅气。 军绿色色具有军人风格、清爽、运动的颜色，可以使帅气感倍增。卡其色除自身颜色外，可以和任何颜色搭配。

顺便说一下，运动凉鞋可以和运动鞋一样随意搭配，穿上袜子还会显得很可爱。

要点
小提示

☑ 运动凉鞋可以像运动鞋一样搭配。

☑ 军绿色是百搭色，可以增添帅气感。

什么都可以啊，当作运动鞋搭配试试？

牛仔裤　连衣裙

这双鞋还可以跟别的一起搭配吗？

32.

超级华丽

长外套搭配长裙，

外套 _IÉNA
T 恤衫 _UNIQLO
裙子 _SLOBE IÉNA
包 _GU
鞋 _AmiAmi

个人资料

20多岁/商店售货员/能记住
所见过的顾客的样子

我极力推荐长款外套搭配长裙。如果裙子是艳色的，会显得格外可爱。**礼服也一样，长的华丽多彩。**长款外套本来就很有分量感，也很华丽，如果再搭配上华丽的长裙，会显得更有气质。

长款外套本身就很时尚，所以最好事先备一件。长度至少要选长到小腿肚一半的，也可以选择像我身上穿的这种长度的，越长越时尚。

外套的颜色，像灰色、米色、白色等浅色的都比较好，黑色、海军蓝等这些深色的不行。因为衣服很长，如果不选浅色，给人的感觉就像"来了一个黑块"，有一种压迫感。大衣里面搭配什么样的衣服都可以，它可以使一切看起来都很华丽。

衣服的条纹也有助于时尚搭配。横条纹T恤衫可以代替白T恤衫来穿，虽然很简洁，但是搭配在身上会呈现其他衣服所没有的华丽感。尽管简洁，但是容易呈现特别感，备一件是极其方便的。

要点
小提示

☑ 横条纹T恤衫容易搭配，有华丽感。

☑ 长款外套，越长越时尚。

喵喵酱，越长越时尚哦。

它是以前买的。

看起来有点不对劲哦。

33.

西服搭配条纹T恤衫，让你变身成有涵养的人

西服 _IÉNA
T恤衫 _UNIQLO
短裤 _IÉNA
包 _TOPKAPI
鞋 _ 无印良品

个人资料

40多岁/家庭主妇/可以毫不费力地走5里路

我极力推荐西服搭配条纹 T 恤衫。有些人除工作外也会直接穿西服，这可能跟他的生活环境有关吧。在搭配时，可以选白色 T 恤衫，**但条纹 T 恤衫会增加亲近感，看起来可爱，让人感觉你是有涵养的小姐姐。**

另外，西服适合搭配短裤。这样可以呈现西服的成熟和短裤的活泼，以及良好的成长环境。如果短裤下摆较宽，无论多大年龄都可以穿，不会让人感觉是孩子穿的短裤。

我穿的这款条纹 T 恤衫，黑色条纹窄，白色面积大，有成熟感，很上档次。如果黑色条纹比较宽，看上去精神、开朗。如果是蓝色的会显得很清爽。虽说无论什么颜色都可以，但是黑色可以使一切搭配看起来很清爽、成熟，是最容易搭配的颜色。

事实上，在选包和裤子的时候，要选米色的，这也是一个时尚的要点。因为米色看起来很优雅、温柔，如果这样搭配，可以提高服装的档次。米色属于百搭色，所以平时备一些米色小物会很方便的。

☙ 要点小提示

☑ 选条纹 T 恤衫时，选黑条纹窄、白色面积大的。

☑ 西服搭配短裤，也会让你变身为有涵养的小姐姐。

走路时，穿上就行。

嗯？

披着西服走路的时候怎么办？会掉下来的呀。

34.

一件披肩外套，让你时尚感十足

帽子 _CA4LA
外套 _COS
T 恤衫 _UNIQLO
裤子 _UNIQLO
包 _COS
鞋 _Donoban

个人资料

29岁/美容师/经常被人问起
"什么时候吃午饭？"

我是一个怕麻烦的人，所以喜欢那些穿在身上就能立即呈现时尚感的服装。这件披肩外套和贝雷帽就是我说的这种服装。所谓"披肩外套"，就是指袖口宽大的短袖外套，**只是和普通服装的样式稍有不同而已，但就是这点不同，会让你变得非常时尚**。试穿一下，你就会发现整个世界都变得不一样了，非常推荐。披肩外套的穿法和普通外套一样，里面衣服的袖子能完全裸露在外面，很时尚。里面的衣服可以选择像我今天穿的这种条纹 T 恤衫，也可以选高领毛衣、粗犷厚实的针织衫、碎花连衣裙，总之，从披肩外套的袖口处露出这些服装，是非常漂亮的。当然在选择条纹 T 恤衫时，要选择尺寸大一点儿的，这样看起来就不会像"沃利"（美国漫画中的超级英雄）的制服了。

贝雷帽本身很时尚，但颜色选择很重要。不要选择跟发色接近的颜色，黑发的人可以选择灰色、米色的，发色明亮的人可以选择黑色的。如果选择和头发相同颜色的，**帽子和头发会形成一个整体，头部看起来会很大，这一点要注意**。戴贝雷帽的时候露出耳朵就可以，其他的可以自由发挥。我是短发，对于长发的人来说，可以把头发散开来戴，也可以在帽子的位置盘成一个小圆球来戴，看上去也很可爱。

要点
小提示

☑ 披肩外套本身就很时尚。

☑ 贝雷帽本身也很时尚。

顺便说一下，如果你想成为『沃利』，可以选高领、紧身的条纹 T 恤衫。

35.

脖子细长，拥有美人气质

开衫 _agnès b.
T 恤衫 _UNIQLO
裤子 _COS
包 _TOPKAPI
鞋 _ 无印良品

个人资料

40岁左右/钟情于Agnes
b.品牌的子母扣开衫/非常
在意脖颈处头发的长度

你觉得什么样的女人是美女？我觉得关键看脖子，如果脖子看起来细长，就会有美女的感觉。

那么，有什么服装能让你的脖子看起来细长呢？这就是大致能露出锁骨的船领上衣。我试了很多次，不会错的。所谓的"船领"，就是指把前后领口做横向挖宽的领口样式，比 V 领、圆领的领口都要宽。脖子周围越是什么都没有，脖子看起来就会越细。

另外，还有一件可以让脖子看起来很细的衣服，就是现在我身上穿着的这件无领子母扣开衫。这件开衫是运动款式的，上面排列着很多小纽扣。Agnes b. 品牌的子母扣开衫特别有名，这款子母扣开衫就像船领一样领口开阔，且质地厚实，即使是肩部消瘦的人，脖子看起来也会很漂亮。如果开衫较薄，对于那些消瘦的人来说，看起来会很寒酸，所以面料要厚一点儿的，这一点很重要。

我觉得只搭配子母扣开衫有点单调，所以又搭配了条纹 T 恤衫，增添一点儿情趣。条纹可以增加华丽感，非常方便。

要点 小提示

☑ 无领子母扣开衫可以让所有人的脖子看起来都很漂亮。

☑ 里面搭配船领条纹 T 恤衫，看起来很华丽。

你的短头发真好看啊，有点像演员哦。好像是一部叫什么所欲的电影中的叫珍什么的女演员。

是《随心所欲》的珍·茜宝。

嘻嘻酱，再怎么记不住，也不至于这样吧。

36.

钩编裙，干练又性感

外套 _meri
T 恤衫 _UNIQLO
裙子 _meri
包 _GU
鞋 _URBAN RESEARCH DOORS

个人资料

34岁/花店老板/迄今为止，在客人订购的花束中，最大的一束是多达300朵玫瑰的花束

这条长裙有花纹，部分透明，穿上它可以衬托出高雅、性感的气质。所谓"钩编裙"，就是用钩针编织出的、网眼大的、有透视感的、能衬托出女人魅力的裙子。**稍微紧一点儿也可以，穿在身上，可以完全化身成美女。**

这种样式的裙子，可能有人会觉得穿起来很难搭配，但是裙子本身就有一种亮丽感，所以其他的选休闲服装就可以了。不过，当你在选择上衣时，如果选择亮丽的、贴身的上衣，会给人一种过时、陈旧的印象，这一点要注意。不同风格的衣服混搭在一起，是不会出现失误的。

条纹 T 恤衫可以增添休闲感，搭配上有女人味的裙子，既优雅又休闲，也不做作，呈现一种都市的时尚感，这种搭配适合所有的场合。

我上身穿的这件牛仔夹克也很休闲，希望大家一定要记住亮丽的裙子要搭配休闲风格的衣服。

在夏天，我推荐大家携带透明的挎包，感觉清爽、凉快。

要点
小提示

☑ 优雅、亮丽的裙子搭配休闲服装。

☑ 在夏天，透明挎包感觉很清爽。

喵喵酱，你那个款式原本就不流行了。

虽说牛仔夹克是非常经典的服装，但在样式方面也有流行和不流行的区别。

37.

米色条纹T恤衫是看起来很温柔的单品

T恤衫 _UNIQLO
裤子 _UNIQLO
包 _Ayako-bag
鞋 _ZAKKA-BOX

个人资料

37岁/喜欢在山间漫步/一边看着YouTube（视频网站），一边练习瑜伽

条纹 T 恤衫有各种颜色，黑色、蓝色、红色，还有我现在穿的米色。黑色代表成熟，蓝色代表知性，红色代表活力，不同颜色有不同的作用，**而我穿的米色会显得温柔。**

如果你不知道穿什么好，可以穿白色 T 恤衫或者条纹 T 恤衫，白色 T 恤衫和条纹 T 恤衫与其他服装的区别在于，可以增添休闲感和华丽感，所以当你有这种想法的时候，可以选择这样的服装来搭配。

今天我想穿一身米色，为了搭配得温柔些，还想加入一点儿白色，于是选择了条纹 T 恤衫。当然，浅米色裤子搭配白色 T 恤衫也十分可爱，但是搭配米色条纹 T 恤衫更能增添华丽感。

如果搭配黑色条纹 T 恤衫，全身黑白搭配会很时尚。如果搭配蓝色，下身配上牛仔裤，也会很可爱。也就是说，全身用同样的颜色进行搭配，是很时尚的。另外，如果你选择红色条纹 T 恤衫，下身搭配蓝色裙子，就像是法国国旗的颜色，也是很可爱的。流苏包很方便，手里拿着这样的包，会增添动感和时尚感，成为一大亮点。

🐾 要点
小提示

☑ 根据条纹 T 恤衫的颜色来搭配，会显得很可爱。

☑ 流苏包拿在手里，就是一大亮点。

你穿的超大阔腿裤，就像东京塔，腿显得很修长。

没有你说的那么夸张啦。

38.

皮革搭配黑色条纹T恤衫，让你走上时尚之巅

T恤衫 _UNIQLO
裙子 _ZARA
包 _GU
鞋 _NIKE

个人资料

看起来，不怎么熟悉音乐，
但是喜欢爱缪（日本歌手）
/喜欢吃甜点

我特别喜欢休闲、帅气的搭配，于是进行了各种各样的尝试，我觉得最时尚的就是现在我身上的搭配——条纹T恤衫搭配皮革面料的服装。

条纹T恤衫并不是最休闲的衣服，与感觉硬朗的皮革面料的服装搭配，酷而且有普通服装的感觉，这就是我理想中的休闲感觉。今天我穿的是裙子，当然，皮夹克搭配条纹T恤衫也是可以的。

条纹是黑色的，这样搭配才能呈现黑白搭配的帅气感。**条纹间距要选窄一点儿的，这样会显得成熟。**

虽然皮革给人很难搭配的印象，但是只要记住"皮革搭配条纹"就好了。皮革是有光泽的面料，所以这种面料不挑人，会给人一种亮丽感。

高性能运动鞋看起来也很酷对吧？在穿这种运动鞋时，有一个要点，就是下半身要选择紧身的服装。如果是牛仔裤，要选紧身牛仔裤。如果是裙子，要选紧身裙。

顺便说一下，因为这种搭配色调单一，比较酷，所以可以搭配红色唇膏，华丽又帅气，是一种非常享受的搭配。我的这款腰包也是皮革的，无论与什么搭配，都能让人感觉到休闲、帅气，是我比较喜欢的单品。

要点
小提示

☑ 皮革与条纹非常搭配。

☑ 穿高性能运动鞋的时候，下半身要选修身的服装。

注：J·POP，受西方影响的日本现代音乐流派。

39.

红色细条纹T恤衫会产生一种
有冲击力的可爱感

T 恤衫 _UNIQLO
裤子 _UNIQLO
包 _GU
鞋 _AmiAmi

个人资料

28岁/非常喜欢牛仔裤/每月
看10场电影

说到红色条纹 T 恤衫，也许你会想起 图一雄（日本恐怖漫画创始人，佼佼者）和沃利。没错，红色条纹 T 恤衫非常显眼，可以成为某人的一种标志。

红色是一种视觉冲击强烈的颜色，如果能把这种冲击力发挥在服装搭配上，就很容易展现可爱感。搭配上红色，就像花开了一样，会给人一种充满活力，也很华丽的感觉，**而且平易近人，仅一件这样的衣服，就能让你变身法式丽人。**

那么，怎么搭配才能不像沃利呢？诀窍有两个。首先，要选择细线条的 T 恤衫；其次，要选择有体量感的下半身服装。因为下半身服装面积大，可以中和红条纹带来的视觉冲击感，无论是谁都能搭配得很可爱。

今天我穿的是一条稍大的白色牛仔裤，当然白色的喇叭裙也很好看。总之，宽松的下半身服装看起来超级时尚。可能有很多人会因为穿起来显胖而放弃这种单品，我觉得实在是很可惜。卷起裤腿，再搭配露脚背的鞋子，感觉很清爽。对于那些不怎么佩戴首饰的人来说，我向她们推荐颜色鲜艳的包，它可以一下子使你变得华丽，你可以买一个颜色鲜艳的小包备用。

要点
小提示

☑ 颜色鲜艳的包可以代替首饰。

☑ 白色稍大一点儿的牛仔裤，卷起裤腿，感觉清爽。

可以搭配宽松的下半身服装。

红色条纹应该怎么搭配呢？真是让人头疼啊。

40.

尝试连衣裙搭配条纹T恤衫

连衣裙 _UNIQLO
T恤衫 _UNIQLO
打底裤 _ 靴下屋
包 _Helvé Chapelier
鞋 _ BEAUTY & YOUTH UNITED
ARROWS

个人资料

37岁/喜欢给女儿搭配自然
风格的衣服/丈夫爱吃东西

注：靴下屋，日本著名袜子专卖店品牌。

我只知道衬衫连衣裙是最适合我的，所以总穿衬衫连衣裙，它既有衬衫的整洁感，又像连衣裙一样能体现女人味，穿一件衬衫连衣裙足够让你时尚。想精心打扮的时候或者休闲的时候都能穿，非常方便。**可以单穿，也可以多重搭配，如果是多重搭配，效果多种多样**。这段时间，我一周穿三次，没有一个人说不好。

我特别推荐搭配条纹 T 恤衫。半袖连衣裙，无论是在春天，还是在秋天，都可以穿，重点是选择跟连衣裙颜色相同的条纹。我穿的是海军蓝色连衣裙，所以在选择条纹时，也选了海军蓝的。这款条纹 T 恤衫白色部分细窄，当然也可以选择与之相反的蓝色部分较窄的。重要的是，连衣裙和条纹 T 恤衫要保持色调一致。白色连衣裙可以与所有条纹 T 恤衫进行搭配，即使不选条纹的，也可以选择普通 T 恤衫、针织衫之类的，里面可以随意搭配。

顺便说一下，绝对不要选黑色的打底裤，**绝对不要**。因为之前太流行了，所以如果选黑色的会显得过时。我推荐灰色和米色的，灰色的适合搭配深色连衣裙，米色的可以搭配白色或者浅色的连衣裙。

要点
小提示

- ☑ 打底裤选灰色的和米色的。
- ☑ 红色小物可以使搭配看起来华丽。

不用系带子吗？可以拿着啊。

不能拿，唯独今天不用。

41.

大码服装能彰显清爽感

头巾 _BAYFLOW
T 恤衫 _UNIQLO
裤子 _Sunflower
包 _MAISON KITSUNÉ
鞋 _Fin

个人资料

34岁/为自己不能变胖而感
到烦恼/擅长用剩饭来做饭

说起服装，如果尺寸正好，显得亮丽、有女人味；如果大一点儿，显得舒适、中性。条纹 T 恤衫也一样，本来条纹 T 恤衫就会给人一种轻松的感觉，如果稍微大一点儿，更能彰显轻松和清爽感。

如果你想买大点儿的衣服，可以买比平时大三码的。我平时穿 S 码的，如果想买大点儿的，可以选 XL 码的。如果是大两码的，不会显得特别大。

大码上衣有很强的视觉冲击力，为了能与上衣匹配，下半身也要搭配有体量感的服装。我推荐七分裤和阔腿裤，特别是七分裤，脚踝露在外面，虽然看起来有体量感，但是不会让人感觉一下子变得很大，身材也显得很好看。除了前面的两款裤子，也可以选择梯形裙。穿阔腿裤的时候，可以穿凉鞋并露出脚。

另外，白色包能为这种搭配增添几分高雅。白色感觉轻盈，所以大点儿也没关系，如果有一个会非常实用。

要点
小提示

☑ 大码上衣需要与大码的下半身服装搭配来穿。

☑ 白色包，即使大点儿也没关系，看起来很高雅。

42.

蓝色系的浅色调，让人看起来很年轻

T 恤衫 _UNIQLO
裤子 _Auntie Rosa Holiday
包 _ZARA
鞋 _menué

个人资料

42岁/事业型妈妈/已工作
20年/讨厌被晒黑

蓝色系的浅色调，是不是看起来凉爽、柔和，也很享受。薄荷蓝、薄荷绿之类的浅色调，是柔和、可爱的"魔法色"，至少让你看起来年轻五岁。

可能有很多人觉得浅色调看起来很孩子气，所以避开这些颜色。但是，蓝色系的色调不会这样，这种颜色适合成熟女性，所以一定要试试。

今天我想搭配得有女人味，所以选择了平时穿的尺寸正好的条纹 T 恤衫。如果选大码的，会变得很休闲。**如果尺寸正好，很有女人味，而且很柔和，这种搭配对凸显低调和时尚很有帮助。**

顺便说一下，如果选面料柔软、长至脚踝的阔腿裤，会像漂亮的裙子那样，展现一种华丽感。

今天我选的是面料比较柔软的阔腿裤，还有很多的褶皱，所以更有女人味。面料柔软、有褶皱的阔腿裤，穿在身上感觉就像是漂亮的长裙。除此之外，轻薄的亚麻棉、涤纶面料的阔腿裤看起来也很可爱。

要点
小提示

☑ 面料柔软的阔腿裤，穿起来感觉就是华丽的长裙。

☑ 穿尺寸正好的条纹 T 恤衫，会让人感觉你很温柔。

因为这些颜色看起来有新绿的感觉。

薄荷绿、薄荷蓝，无论哪个年龄层的人穿，都不会显老哦。

43.

流行款式的牛仔裤，
至少三年要更换一次

T恤衫 _UNIQLO
裤子 _UNIQLO
包 _ORCIVAL
鞋 _CONVERSE

个人资料

29岁/在观叶植物店工作/擅
长混栽

你知道条纹 T 恤衫与牛仔裤搭配看起来时尚的秘诀吗？如果知道，早上真可以瞬间选对你要穿的衣服了。方法非常简单，就是选择有现代感的牛仔裤。如果是在春秋季，可以选高腰且稍微宽松的，或者选择浅蓝色的，这些看起来都会有现代感，旧款和新款都可以。**特别是店门口附近展示的，都是一些流行的款式。**

牛仔裤很结实，不容易破，根本用不着频繁更换。但是款式、颜色都有流行趋势，所以至少三年要换一次！一直穿自己喜欢的牛仔裤，虽说没问题，但是买一条与之不同的流行款牛仔裤备用，搭配起来会很方便。

我身上穿的是优衣库的束带百褶牛仔裤，这款牛仔裤高腰、腰部宽松、瘦腿，是很流行的款式。因为束带能转移对腹部的视线，所以腰部看起来很显瘦。

就算体型不变，社会的流行趋势也会改变。顺便说一下，蓝色和米色搭配，也是值得推荐的，看起来会很高雅。

要点
小提示

☑ 三年换一次牛仔裤款式，是不会错的。

☑ 蓝色与米色搭配，看起来高雅。

我喜欢与经典款式稍微不同的单品。

例如米色条纹 T 恤衫、束腰牛仔裤。

如果全部不同，可就麻烦了。

44.

短裤配长袖T恤衫，超级时尚

T 恤衫 _UNIQLO
短裤 _BEAMS BOY
包 _anello
鞋 _New Balance

个人资料

32岁/喜欢户外运动

在穿短裤的时候，要搭配长袖上衣。短裤的可怕之处就是太性感了。

性感是很难做到的，例如，在好莱坞，可以说性感美女云集，她们在穿着比较暴露的礼服时，会把皮肤弄得很光滑，搭配的小物也非日常用的，着实下了一番功夫。

鉴于这种情况，如果你想随意穿着比较暴露的衣服，该怎么办呢？**那你一定要记住"暴露的衣服只限一件"**。很简单，穿短裤的时候，上衣要选长袖的。露腿要隐藏胳膊，这就是可爱短裤的穿法。

顺便说一下，我很推荐棕色的短裤。色泽浓厚，存在感强，看起来稳重，属于一种可以使任何上衣看起来都很时尚的魔法色。

我穿的条纹T恤衫和短裤都是偏男性的单品，如果仅是这样搭配，会显得没有女人味，所以要有一款亮色的包。我推荐有花纹的包，可以增添华丽感。

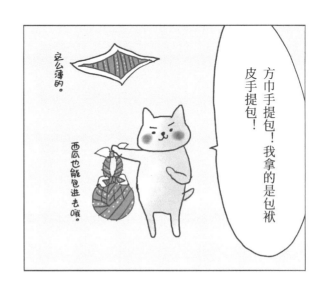

要点
小提示

☑ 深棕色可以使一切看起来都很时尚。

☑ 搭配偏男性的服装时，要带一些亮色的小物。

立么薄的。

西瓜也能包进去哦。

方巾手提包！我拿的是包袱皮手提包！

45.

看到飘带时，要仔细考虑

T 恤衫 _UNIQLO
裤子 _green label relaxing
包 _ZARA
鞋 _ BEAUTY & YOUTH UNITED
　　ARROWS

个人资料

37岁/喜欢在精品店购物/喜
欢养猫

说到飘带，在搭配时要格外注意。虽然飘带能为女性增添优雅的气质，但是风格偏可爱，有时反而会显得土气。所以，如果看到飘带，要仔细考虑一下，"这条飘带没问题吧，是不是太可爱了？"其实判断的标准很简单，只要是系法跟长带系法相同的飘带就没问题了。

　　如果飘带能像腰带那样系在裤子上，那就没问题。在选择飘带时，可以选择跟裤子同样面料、同样颜色的，会很自然地增添飘带的华丽感。可以系成单结，并移至侧身位置，这样看起来会比蝴蝶结更酷。

　　这条雅致的飘带裤，搭配休闲条纹 T 恤衫，两种风格混搭在一起很时尚。甜美的飘带与休闲条纹 T 恤衫极其搭配。

　　另外，可以在条纹 T 恤衫上搭配一条显眼的长项链，休闲、精致，看起来很有美感。因为颈部有竖线，还有显瘦的效果。如果是细项链，看起来会很有品位。

要点
小提示

☑　条纹 T 恤衫与飘带极其搭配。

☑　条纹 T 恤衫上佩戴项链显得很时尚。

在所有的颜色中，绿色是任何人都容易搭配的颜色。

感觉非常舒适哦。

小声嘀咕着

46.

条纹披肩让人看起来很年轻

连衣裙 _GU
披肩 _UNIQLO
包 _Vivala Vida
鞋 _adidas

个人资料

33岁/说话快/上学时，曾是田径队的主力

有人会说："这款条纹披肩并不是开衫，没必要单独穿。"但这款条纹披肩的样式就是披肩式的。有人会问："为什么要搭配这种不实用的东西呢？"其实这对时尚来说是非常重要的，它可以起到与饰品相同的作用。顺便说一下，条纹开衫也可以。如果是条纹开衫，就可以直接披在身上。因为我没有，所以穿了一件针织衫。

如果搭配一件颜色花哨的开衫，会让你成为一位漂亮的小姐姐。**条纹开衫会让人感觉你很可爱、年轻。**黑白开衫可以与任何颜色搭配。不用挽袖子，直接垂下来，很有动感，非常可爱，当然挽上也无所谓。

另外，白色皮质运动鞋是一款融合正式与休闲风格的单品，属于百搭款。如果是其他运动鞋，因为很休闲，所以要选择衣服去搭配。想穿运动鞋的时候，需要考虑搭配，这是不是很麻烦？我是想轻松一点儿才想穿运动鞋的，没想到还要这么麻烦。所以选皮质运动鞋，什么都不用考虑，就可以搭配来穿，最棒了！

所以，首推的是 adidas Stan Smith 运动鞋，鞋底比较薄，只有 Logo 的部分有颜色，属于比较高档的运动鞋，我已经穿坏好几双了。

要点小提示

☑ 条纹披肩直接垂下来，有动感，很可爱。

☑ 白色皮质运动鞋属于百搭款。

可以搭配那条只搭在肩上的条纹T恤衫。

看一下我的装扮。

好的。

キラン

47.

穿上针织马甲，会呈现一种英式高雅感

马甲 _ZAKKA-BOX
T 恤衫 _UNIQLO
裙子 _BRITISH MADE
包 _WHO'S WHO gallery
鞋 _ZARA

个人资料

28岁/幼儿园教师/很擅长健
康管理

一件针织马甲就能让你变得高雅，使你展现一种英式好女孩的气质。

也许你觉得针织马甲搭配起来比较难，但只要你用搭配针织衫的方法来搭配就没问题了。要选圆领的，如果是 V 领的，里面衣服的颜色会显露出来，这样看起来会显得杂乱无章。如果穿马甲，胳膊会露在外面，所以脖领处最好简洁大方。

马甲底下可以随意搭配衣服。衬衫、柔软面料的短上衣、连衣裙都可以。无论是白 T 恤衫还是长袖、短袖 T 恤衫，都非常可爱。其中，我最推荐的是今天我穿的这款条纹针织衫，既休闲又可爱。

条纹与格子搭配，看起来很华丽。花纹搭配花纹，极其时尚。

条纹与格子搭配的要点是颜色。如果是同色系的，有花纹也没关系。话虽如此，其实也不用那么严谨。今天我在搭配条纹时加入了黑色，裙子的彩色方格底色是海军蓝的。尽量使用相似的颜色，这样整体风格就会统一。花纹搭配花纹，瞬间会让你变得超级时尚，大家一定要试试。

要点小提示

☑ 马甲要选圆领的，不要选V领的。

☑ 花纹搭配花纹时，颜色也要尽量搭配。

48.

无论哪个年龄段的人，黑白条纹都能让你返老还童

毛衣 _UNIQLO
T 恤衫 _UNIQLO
裤子 _UNIQLO
包 _GUCCI
鞋 _GUCCI

个人资料

70多岁/每年参加几次太极拳比赛/孙子的姓名很杂乱

衣服的花纹多种多样，例如碎花的、水珠纹的、豹纹的等，但是看上去最显年轻的是黑白条纹。条纹的休闲感很强，看起来很有活力。而且，**黑色和白色是很鲜明的颜色，让人看上去很年轻。**

黑色条纹部分窄一点儿比较好，比粗线条的看起来更精致，会让上了年纪的人看起来很有品位。

顺便说一下，乐福鞋比运动鞋看起来更规整，比无带浅口皮鞋更帅气，所以大家一定要试试。

大家可以尝试一下颜色花哨的袜子，例如红色、蓝色、绿色等颜色鲜艳的袜子，或者有水滴纹、玛丽马克印花的彩色袜子，穿花哨的袜子看起来很年轻，也很可爱。即便是年轻人，也可以尝试一下，看起来会更年轻。

与黑色条纹搭配时，把开司米针织衫搭在肩上，这是一个重点。当然在天气冷的时候，可以直接穿在身上，也很帅。在这种情况下，需要在袖口处露出条纹，这样看起来很时尚，袖子处会格外显眼，所以大家可以尝试一下。

要点
小提示

☑ 在穿毛衣时，要在袖口处露出条纹。

☑ 乐福鞋搭配花哨的袜子，超级时尚。

49.

条纹与绿色搭配，看起来很酷

T 恤衫 _UNIQLO
裤子 _ViS
包 _MAISON KITSUNÉ
鞋 _ BEAUTY & YOUTH UNITED
　　ARROWS

个人资料

39岁/体育老师/以前参加过
国民体育排球比赛

我非常喜欢偏男性的装扮，帅气，行动又方便。其中最喜欢的是条纹T恤衫搭配绿色裤子。

我穿的是贝克裤，它的特点就是口袋比较大，虽然跟工装裤相似，但是比起工装裤，口袋不是那么显眼，穿起来感觉很工整。原本贝壳裤是一种功能性的裤子，但看起来很工整，所以向大家推荐。

帅气的裤子在搭配时要注意鞋的颜色，唯独需要选择可爱的颜色。除了颜色，你可以选择任何款式的鞋，例如轻便的低跟鞋。今天我穿的鞋子，紫色带点儿红色，颜色偏暗。绿色和紫色属性吻合，搭配在一起，像是樱花饼，很可爱。

因为我平时带的东西比较多，需要一个大包，所以买了一个白色的大手提袋。要想搭配得帅气，无论如何都要选一些体积比较大的东西。我的这款手提袋比较大，再加上是白色的，看起来很洋气。想携带大包的人，一定要选择白色帆布面料的。白色的手提袋，即便很大，也不会喧宾夺主，有花哨图案的帆布袋还会显得更可爱。

要点小提示

☑ 绿色与紫色的属性吻合。

☑ 白色大手提袋会使整体搭配看起来明快。

50.

比你想象的还要时尚有后背系带设计的服装，

衬衫 _CIAOPANIC TYPY
T 恤衫 _UNIQLO
裙子 _LOWRYS FARM
包 _MARCO MASI
鞋 _outletshoes

个人资料

42岁/奢侈品专家/以前是日
本"109辣妹"的成员

有后背系带设计的服装，会让你的时尚感提升一个档次，无论从哪个角度看都很时尚。我身上穿的这件衬衫，每当穿在身上的时候，好多人都说非常时尚。这件衬衫从前面看是非常普通的，但是后背带可以系起来，调整内衬的视觉角度。系得松一点儿，看起来很雅观，系得紧一点儿，看起来比较性感，我极力推荐这种款式的衬衫。长头发的女性一定要把头发挽起来，把后背的设计露出来。

但是，这种款式的衣服应该搭配什么样的内衬衣物呢？可能有些人比较犯愁。因为这种款式的衣服，主打的是后背的设计，所以要想凸显这种设计，需要控制颜色的数量。其要点是，从白色、黑色和上衣颜色中选择一种与之相同的颜色。这样，横条纹 T 恤衫就成了理想的选择。当然白色或者黑色 T 恤衫也可以，但横条纹 T 恤衫显得更可爱，时尚感更强，可以让你变为时尚达人。

拥有一款野牛纹手提包是非常方便的。单是一款这样的包，就足够让你成为一位漂亮的小姐姐。野牛纹是一种有冲击感的花纹，即便是小手提包，效果也是十分理想的。

51.

牛仔裤可以使横条纹T恤衫看起来更时尚

夹克 _FASHION LETTER
T 恤衫 _UNIQLO
裤子 _regleam
包 _KANKAN ONLINE SHOP
鞋 _CHARLES & KEITH

个人资料

32岁/骑自行车去上班/挑选衣服时，要保证骑自行车时方便

横条纹 T 恤衫有点土气对吧？确实是，横条纹 T 恤衫有很强的休闲感，如果搭配不好，看起来就像"地摊货"。但是当你了解了搭配方法后，横条纹 T 恤衫就是华丽、优雅、时尚的单品。

想把横条纹 T 恤衫搭配得时尚，方法很简单，就是与"个性服装"一起搭配。我现在之所以看起来时尚，是因为搭配了"原牛"单品。"原牛"指的是质地硬、有张力的牛仔裤。除此之外，还可以搭配一些别的个性单品，例如骑士夹克、尖头皮鞋、皮带、四边形饰品等。穿横条纹 T 恤衫时，搭配这些单品，就能呈现顶级时尚。

另外，你是否知道搭配有"细绳感"的服装也会很时尚？说起细绳，你会想起裤子的背带，动感十足，魅力无比，如果这样搭配，可以扩大时尚面。要点有两个，一是要选与下半身服装相同的颜色，二是要选细的。只要记住这两个要点，无论什么服装都能搭配。与此同时，这样的搭配，整体加入了竖线条，可以起到显瘦的作用。

今天我只选了白色、黑色、蓝色这些酷酷的颜色，再搭配上横条纹 T 恤衫，真是非常时尚哦。

要点
小提示

☑ 横条纹 T 恤衫与『原牛』搭配，时尚效果很好。

☑ 搭配中加入有『细绳感』的服装，看起来更时尚。

背带要细，系的位置要靠下。

好像不对劲啊

嘻嘻嘻，但正好相反啊

呜噜噜

告诉我如何搭配背带看起来不幼稚？

52.

提前量好自己的尺寸，尽管开始比较麻烦，但这是网购成功的秘诀

T 恤衫 _UNIQLO
连衣裙 _BELLE MAISON
包 _I NEED MORE SHOES
鞋 _ZARA

个人资料

图书编辑/喜欢三味线/喜欢买书，但大多都没看

在网购时，你最大的担心是不是无法确定尺寸以及衣服穿在身上的效果呢？如果经常换货，会很麻烦。鉴于这种情况，作为喜欢网购的我，告诉大家我自创的网购不会失败的秘诀。

秘诀就是提前量好自己的尺寸，也就是胸围、腰围、臀围，再加上经常穿的上衣、裤子的总长和下档尺寸，一共 6 处。你可能觉得比较麻烦，但比起换货来说要好得多，一次测量终身受用。为了方便，我还把自己的尺寸存在手机上了。

在网购页面上，会详细展示衣服的大小。在相应的表格中，可以查询是否有适合自己胸围的尺寸，在"总长"的地方可以查询上衣的尺寸，在"下档尺寸"的地方，可以查询裤子的尺寸，看一下是否有自己平时穿的尺码。裙子比较简单，可以选喇叭口裙、褶裙这些蓬松的裙子，只要适合自己的腰围就可以了。如果选铅笔裙，腰围和臀围都要查，看一下是否有适合自己的尺寸。

如果你购买过那种品牌的服装，而且知道尺寸，那就没问题了。因为不能换货，所以网购时最好不要购买泳衣、内衣之类的。

要点小提示

☑ 不仅要量三围，衣服的长度也要测量。

☑ 在多数情况下，网购时不要购买不能换货的东西，例如泳衣、内衣之类的。

我参照自己的尺寸来网购哦。

如果在同一家店购物，会自己记录的哦。

提前量好，网购时极其方便。

53.

初秋时节，给大家推荐颜色鲜明的外套

外套 _Traditional Weatherwear
T 恤衫 _UNIQLO
裤子 _Traditional Weatherwear
鞋 _PRO-Keds

个人资料

20岁/受母亲的影响，喜欢
20世纪90年代的流行音乐/
希望能去东京大学读书

在初春、初秋微冷之际穿着的轻便外套，以原色为上，华丽、有时尚感，有一件这样的外套，外出时非常方便。如果是原色的，无论什么款式都可以。蓝色显清爽，红色显精神，黄色显年轻。有人会问我，你身上穿的绿色怎么样？我可以告诉你，绿色是一种可以体现知性的颜色。

在购买原色外套时，需要掌握一些技巧，**要选面料粗糙的**，例如没有光泽度的棉类面料。如果选制作羽绒服、防寒夹克的色泽油亮的面料，看起来会比较廉价、笨拙，所以要选面料粗糙的，这样看起来合身且稳重。

顺便说一下，这款低端运动鞋，我非常喜欢。低端运动鞋的鞋底是橡胶的，鞋面是帆布或者皮革，轻薄、不臃肿，脚底干净利落、不夸张，与整体搭配浑然一体，是喜欢时尚、低调的人的不二选择。

帆布鞋、低端运动鞋，如果你不想跟别人"撞鞋"，可以选 PRO-Keds 品牌的，穿的人比较少，可以体现你低调的个性。

要点
小提示

☑ 颜色鲜明的外套，要选面料粗糙的。

☑ 低端运动鞋，无论什么搭配风格，都不会有问题。

这是以前的流行歌曲吗？真是时光如梭啊。

『从那遥远的海边，慢慢消失的你，本来模糊的脸……』（歌词）

54.

面料蓬松的裙子与毛衣搭配，可以体现女孩的可爱

毛衣 _3rd Spring
T 恤衫 _UNIQLO
裙子 _UNIQLO
包 _I NEED MORE SHOES
鞋 _SESTO

个人资料

38岁/喜欢去面包店/喜欢看韩剧

冬季是可爱打扮的最佳季节，可以毫不犹豫地穿一些面料轻柔、蓬松的衣服，从某种意义上讲，此时对于女孩来说是最时尚的。在冬季，蓬松面料看起来极其可爱。

蓬松裙是不是很有光泽？这时需要搭配稍微大一点儿的针织衫。暖洋洋的针织衫搭配光泽面料的裙子，轻飘飘、有光泽、华丽、轻便。在这里，我推荐优衣库的褶皱长裙。面料高级，做工好，很有女人味。或许看起来有点儿冷，如果下身搭配紧身裤，再贴上暖宝宝，天气再冷都可以穿。如果选毛衣，像我身上穿的薄毛衣，或者有收口的毛衣、厚的毛衣、大的毛衣、网眼密的毛衣，只要是稍显大的毛衣，看起来都会有轻飘飘的感觉，很可爱。

因为我穿的毛衣是米色的，觉得有点儿可爱过头了，所以里面搭配了横条纹 T 恤衫，露出一点儿白色和黑色。当然，喜欢可爱风格的人直接穿也可以。

如果选大码毛衣、落肩毛衣，可以选择侧面有开衩的，会显得利落，行动也方便。

要点
小提示

☑ 在冬季，薄裙子与毛衣搭配，非常可爱。

☑ 穿侧面有开衩的毛衣，行动方便。

穿裙子好冷啊！

里面穿长绒紧身裤，非常暖和哦。

唯独小腿的部分是紧身的效果。

55.

大披肩，造型随意

披肩 _macocca
T 恤衫 _UNIQLO
裙子 _meri
包 _tesoro
鞋 _CONVERSE

个人资料

40岁/室内装饰设计师/出行
时，要带资料和图纸，所以
经常背大包

在冬天，搭配浅色服装，看起来像漂亮的精灵。冬天空气清新，光线泛白，在这种环境中搭配浅色服装显得非常时尚。只要薄，无论什么款式都好看。其中，水蓝色与米色搭配，朦胧中有温柔感，非常好看。披肩可以从米色、白色、浅灰色中任选一种颜色，这样面部看起来就不会暗淡无光，属于百搭款。

在穿浅色裙子搭配紧身裤的时候，紧身裤的颜色不要选黑色的，可以选灰色的，灰色与裙子的颜色比较搭。

在冬天，大披肩可以让女孩看起来格外可爱，关键是能否围得舒适。

事实上，披肩的选择是关键。要选择宽大的，包括流苏在内，长度180cm 以上的就可以。同时，质地要厚实，这样围起来有重量感。

围的时候，先把披肩弄细，松松垮垮地围起来，效果会很蓬松。最后把剩余部分牢牢地插到围巾下面，之后松开。因为剩余的部分插到了披肩下面，所以披肩不会松散。

要点
小提示

☑ 冬天搭配浅色衣服，显得非常文雅。

☑ 与浅色裙子搭配时，要避免选黑色的。

你是怎么把披肩围得那么蓬松的？

围上之后，感觉要松开了，最后把剩余部分插到围巾下面。

56.

稍微露出一点儿条纹T恤衫，
让人倍感亲切

外套 _AURALEE
衬衫 _AURALEE
T 恤衫 _UNIQLO
裤 _AURALEE
鞋 _SPINGLE MOVE

个人资料

38岁/刮掉胡子会变成孩子
的模样/总被搭讪

横条纹 T 恤衫非常适合作为衬衫内衬。衬衫衣角处露出一点儿横条纹 T 恤衫，不仅时尚，而且让人倍感亲切。横条纹 T 恤衫的白色让人感觉清爽，可以为所有的衬衫增添柔和感，如果这样搭配，平时穿的衣服看起来也会截然不同。

搭配横条纹 T 恤衫会呈现一种清爽感，那些被认为难以相处、难以接近的人，如果这样搭配，会有更多的人与你亲近。如果女性这样搭配，也会给人留下一种友好的印象。

如果你想在衬衫底部露出一点儿 T 恤衫，我推荐穿"箱切式"衬衫。所谓"箱切式"衬衫就是衣角直切的衬衫。普通的衬衫衣角是圆形的，如果选择"箱切式"衬衫，多层搭配的效果更明显。当然，如果是普通衬衫看起来效果明显也可以选。还可以把下方的纽扣解开，稍微露出里面的 T 恤衫，露出部分大约 3cm 就可以了。虽然是露出一点儿，但这一点非常重要。"箱切式"衬衫不用把下摆塞进裤子里，看起来也非常时尚，备一件非常方便。

🐾 要点
小提示

☑ 上衣底部露出内衬，非常时尚。

☑ 如果衣着的米色面积大，看起来会很温和。

57.

蓬松的长绒外套要选深色的

外套 _FREAK'S STORE
T 恤衫 _UNIQLO
裤子 _ADAM ET ROPÉ
袜子 _GLOBAL WORK
鞋 _ADAM ET ROPÉ

个人资料

32岁/喜欢看足球比赛/无论
夏天还是冬天，都去体育
场观看比赛

这件长绒外套是不是很可爱？深棕色看起来是非常时尚的。因为长绒外套比较蓬松，所以容易让人感觉幼稚。但是这种面料有毛茸茸的质感，可以体现你的可爱，而且轻巧、暖和。如果你没有长绒外套，是非常可惜的。

长绒外套，你可以选择深色的，看起来非常时尚。除了棕色，你还可以选深灰色、黑色，这些偏成人的颜色。另外，你可以尝试选择长款的，无论什么服装，长款的比短款的看起来成熟，也显得酷。

长绒外套属于休闲服装，里面可以选择一些精致的衣服搭配，可以说冬季的服装都可以这样搭配。在冬季，为了御寒，你可能会更多地选择一些休闲的服装，精致的服装选起来比较困难。因为冬季寒冷，不可能穿裙子、无带浅口皮鞋，但可以选择一些穿着简单、精致的裤子，例如有中缝的裤子。如果选黑色的，看起来更成熟。如果选择阔腿裤，里面还可以搭配紧身保暖裤。

褶皱包是一款非常精致的单品，细小的褶皱可以让你看起来非常有女人味，虽然小，但也有存在感。

要点小提示

☑ 长绒外套搭配有中缝的黑色裤子。

☑ 褶皱包属于百搭款。

故意这么搭配的，我是披着毛茸茸外衣的小恶魔！

来回抚摸

毛茸茸的，真可爱啊。

你今天穿的和我一样。

58.

短绒外套选男款，搭配不会有失误

发带 _CA4LA
外套 _UNIQLO
T 恤衫 _UNIQLO
裙子 _BASEMENT online
包 _agnès b.
鞋 _CHARLES & KEITH

个人资料

31岁/与男朋友同居5年了/
冬天喜欢吃冰激凌

短绒外套既轻便又暖和，呈现一种怀旧风格的可爱。搭配这种休闲外套，连我自己都觉得很时尚。

要想完美地搭配短绒外套，其实方法很简单，就是选男款的。与女款相比，男款样式板正，尺码也大，可以弥补短绒外套暖洋洋、过于可爱的缺点。比起女款，男款口袋大，还有大拉锁、大纽扣，不单调也不幼稚。选择颜色方面，不要选可爱的浅色系，要选棕色、黑色、灰色这些深色系的。除了有毛茸茸的质感，还显得格外潇洒。白色看起来幼稚，绝对不能选。对于这些颜色，男款都能满足。

短绒外套很显身型。在冬季，你是不是经常穿长裤、长裙呢？如果是这样，短绒外套增加了上半身的体量感，下半身看起来就会显得修长。

如果选白色长裙，里面可以搭配灰色保暖紧身裤。如果选黑色的，里面的保暖紧身裤就会透出来，所以一定选灰色的。

要点
小提示

☑ 短绒外套选棕色、黑色、灰色中的一种。

☑ 适合搭配白色裙子的保暖紧身裤，灰色是首选。

发带首先要裹住头发，两鬓的短发是看点哦。

这样，对吗？

59.

运动裤要选修身的

外套 _Traditional Weatherwear
围巾 _macocca
T恤衫 _UNIQLO
裤子 _ZARA
包 _ZAKKA-BOX
鞋 _SESTO

个人资料

36岁/身高153cm/时尚又有
亲和感，非常有人气

在户外，穿运动裤看起来非常自然的人，我觉得是最时尚的。我进行了各种各样的尝试，最终得出一个结论，**就是选瘦身的运动裤**。说起来，最近市场上卖的运动裤都是瘦身的，很容易就能选到自己喜欢的。在选择颜色方面，选择黑色、灰色、米色，这些淡雅的颜色就可以。如果要选艳色的，休闲感就会加强，让人感觉你就是半夜站在便利店门前的"不良少女"，所以要特别注意。

如果选择了瘦身运动裤，还需要搭配一件以上精致的或者火辣的服装来抵消这种休闲感。例如，我在搭配时选了两件，身上穿的是西装长大衣，手里拿的是皮质手提包，搭配得越多越能体现时尚感。西装长大衣有衣领，看起来精致，皮质手提包看起来火辣。

如果某一天，你全身都是休闲搭配，至少要垂搭一条围巾。不围起来，直接垂下来，整体的纵向感得到了加强，感觉利落、时尚。围巾覆盖整个肩部，可以像毛衣一样起到保暖的作用，所以，偶尔可以试试围巾垂搭的方式。

要点
小提示

☑ 穿运动裤时，需要搭配一件以上精致的服装。

☑ 围巾要直接垂下来，感觉很精致。

60.

冬季多色搭配，无疑很时尚

外套 _TOMORROWLAND
围巾 _IRODORI
T 恤衫 _UNIQLO
裤子 _UNIQLO
鞋 _UGG

个人资料

37岁/休息外出时尽量少带
行李/几乎不用现金

冬季，人们的服装多是一些黑色、灰色的，如果搭配一件颜色鲜艳的衣服，别人肯定会认为你是一个时尚达人。

在其中，我推荐黄色，因为它最容易搭配，可以让面部看起来光亮。另外，适合与黄色搭配的是蓝色系的，因为这两种颜色互补。所以，穿黄色外套时，要搭配牛仔裤，极其时尚，当然搭配蓝色围巾也非常好看。冬天在选择颜色时，只要你擅长补色，按照这种方法搭配就足够时尚了。除了黄色，只要是你喜欢的颜色，例如淡紫色、浅蓝色都是可以的。把你喜欢的颜色与补色搭配，无疑会很时尚。

在剩余的颜色中，可以用白色、黑色、米色进行混搭。这样搭配，颜色不杂乱，时尚感很强。上衣可以选白色、黑色等颜色简单的，如果选横条纹 T 恤衫，还可以增添华丽感。

虽说什么款式的外套都可以，但是如果有颜色适合的粗呢短大衣，我果断推荐你购买。因为羊绒面料比较厚，就算颜色不能体现搭配效果，也不会看起来廉价，穿在身上有种成熟感。因为口袋、纽扣是重点，所以除了大衣，其他的简单装饰一下就行，看起来也很时尚。

🐾 要点
小提示

☑ 选颜色鲜艳的外套时，推荐选黄色的。

☑ 选定颜色鲜艳的服装后，其他的服装可以选白色、黑色、米色的。

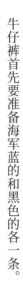

牛仔裤首先要准备海军蓝的和黑色的各一条。

也适合偏正式的场合。

最常用的是黑色的和海军蓝的。

褪色后有复古感。

其次是深蓝色的。

白色的看起来清爽。

蓝色比较休闲。

最后是浅蓝色和白色的。

牛仔裤大体可以分为 5 种颜色，图中的顺序是根据使用的方便程度进行排列的。

124

牛仔裤可以把你塑造成漂亮的小姐姐

黑色和深蓝色牛仔裤是最常穿的。

CHAPTER 3

61.

搭配黑色紧身牛仔裤，非常时尚

外套 _VIS
衬衫 _UNIQLO and JW ANDERSON
牛仔裤 _ UNIQLO
包 _I NEED MORE SHOES
鞋 _Fin

个人资料

34岁/翻译/工作比较忙的时候，所有东西都网购

说到牛仔裤，我推荐黑色紧身牛仔裤，它能体现当下流行的时尚感。从某种意义上讲，它能体现牛仔裤的独特酷感和时尚感。也许有人会问，非要穿紧身牛仔裤吗？黑色的裤子不行吗？牛仔裤面料硬，能呈现其独有的酷感，所以向你们推荐。

特别值得推荐的是小脚裤，如果纽扣或卡扣是暗色的，会更加时尚。

在穿黑色牛仔裤的时候，建议搭配长款衬衫。**而且，立领衬衫能体现介于正装和休闲装之间的一种时尚感。**黑色牛仔裤与立领衬衫搭配，能体现一种中性的时尚美。因为衬衫是立领的，可以随便搭配有领的风衣和夹克等外套。在敞开穿的时候，也不必担心衣领会乱。

另外，颜色方面，海军蓝与黑色搭配，能体现出清新、亮丽的气质。在选择外套时，建议以短款风衣为主，与长款相比，短款能体现出女人味。如果觉得自己不适合长款，可以尝试一下短款风衣。

🐾 要点
小提示

☑ 立领衬衫搭配黑色紧身牛仔裤，显得潇洒、帅气。

☑ 短款风衣能凸显女人味。

我穿的是隐形袜子哦。如果袜子往下掉，就预示着要更换了。

喵星易怕冷哦

不穿袜子，不冷吗？

62.

深蓝色牛仔裤，可以让你变身御姐

罩衫 _ELENDEEK
牛仔裤 _UNIQLO
包 _SLOBE IÉNA
鞋 _outletshoes

个人资料

38岁/丈夫经营着一家西装品牌店/不怎么穿丈夫店里的衣服

说起蓝色牛仔裤，虽然有深色和浅色两大类，但是深蓝色牛仔裤穿起来更漂亮。**特别是无水洗布料的牛仔裤，面料硬又有弹性，可以塑造御姐的形象**，这是由无水洗布料特有的弹性所决定的。

裤长最好是到脚踝处的，这个长度搭配浅口无带皮鞋肯定没问题。在搭配运动鞋时，稍微露出脚踝，这样看起来人显瘦。这样的长度，可以搭配各类鞋子，所以可以尝试把裤腿卷到脚踝处进行搭配。

这种牛仔裤完全能塑造御姐的形象，所以上衣可以随意搭配。其中，搭配有设计感的上衣，效果会更出众。简约的牛仔裤，在衬托上衣的同时也能增添几分优雅，就像韩国女明星一样。当然也可以像我这样，搭配有侧百褶裙的变形衬衫，极具个性。顺便说一下，像这种有个性的上衣，选择基础款的颜色就可以了，例如黑色、白色或者米色，否则看起来会很廉价，一定要注意哦！

🐾 要点小提示

☑ 如果裤长到脚踝处，可以随意搭配各种款式的鞋子。

☑ 携带一款华丽的小包，非常方便。

在参加年会上台表演时，可以借这件衬衫给你穿。

翁倩玉？

不会是西洋乐吧？

不是，是弗雷迪·默丘里。

63.

多色花纹显得成熟

丝巾 _Fiorio
连衣裙 _ZARA
牛仔裤 _UNIQLO
包 _ZARA
鞋 _SESTO

个人资料

33岁/喜欢吃咖喱/如果有
时间想去印度看看

如果你想穿有花纹的衣服，要选花瓣小、颜色多的，这样看起来会很成熟。花纹会给人一种甜美、可爱的印象，我想可能会有很多人认为自己上了年纪不适合穿了，**但是有花纹的服装可以瞬间让你提升品位，一定要尝试一下。**

还有另外一个使花纹看起来成熟的方法，就是选择远看整体呈蓝色、绿色等冷色系的衣服。黑色、海军蓝也可以，但是浅色、白色过于可爱，这一点要注意。

花纹如果与紧身牛仔裤搭配，看起来既休闲又时尚。无水洗深色牛仔裤，成熟、高雅。**它将可爱与美丽两种风格完美地融合在了一起。**如果你想看起来酷一点儿，可以选择黑色紧身牛仔裤。

我的包是绒面革流苏包，和花纹搭配在一起，很有民族风情。绒面革也就是皮革，它没有光泽，手感自然，不会使花纹显得过于夸张，但可以增添火辣感。

要点
小提示

☑ 搭配花纹衣服，可以以冷色、黑色、海军蓝为基色。

☑ 下身搭配紧身牛仔裤，这样显得成熟。

喵喵酱，在搭配花纹衣服时，丰满的东西比精致的小物更合适哦。

这样搭配好吗？

64.

披肩配上牛仔裤，变身成法式丽人

披肩 _macocca
T 恤衫 _UNIQLO
牛仔裤 _UNIQLO
包 _Caterina bertini
鞋 _FABIO RUSCONI

个人资料

35岁/食品制造企业宣传员/属于主张聚会之后去唱卡拉OK的一派

牛仔裤与长袖 T 恤衫搭配，有一种法国人的风情。虽然朴素又简单，却能给人一种乐于享受时尚的感觉，很棒哦。**我穿的是深色无水洗牛仔裤，这套装扮很有美感。**其重点是披肩，仅仅如此！将它松垮地围在脖子上，别人的视线就会集中在你的脖子上，风格很鲜明。

我常年都围着披肩，现在围着的是适用于春秋季节的款式。这种人造纤维涤纶布料的材质值得推荐，它是一种非常薄、有透明感、很光滑的布料，会显得女人味十足。我认为夏季选择棉料和纱料比较好，如果是冬季，我则推荐开司米山羊绒的，它能够抵挡紫外线，觉得冷的时候还可以将它打开，披在身上作为外套用来保暖，披肩看起来比项链更华丽，有多少条都不嫌多。

长方形的披肩比正方形的更实用，像我今天围的这款有流苏的披肩，就很有动感。

将上衣换成华夫饼衫，就连纯色的针织衫也会在不经意间变得时尚起来。所谓的"华夫饼衫"指的是用表面像华夫饼一样凹凸的布料制成的 T 恤衫，它因具有立体感而显得很可爱。

要点
小提示

☑ 披肩加上流苏就会显得华丽。

☑ 将纯色的长袖 T 恤衫换成华夫饼衫，你在不经意间就会变得很有品位。

你掉进水池里的是这只金鞋子，还是银鞋子呢？

银鞋子。

说真的，那双金鞋子就送给你了吧。

不用了。

133

65.

浅蓝色牛仔裤，尽显温柔本色

衬衫 _TEANY
牛仔裤 _UNIQLO
包 _MARNI
鞋 _FABIO RUSCONI

个人资料

34岁/温泉达人/肌肤像剥壳的鸡蛋一样嫩滑

蓝色水磨牛仔裤尽显清爽、温柔，即使是刚买的牛仔裤，因为是水磨的，就会有一种好像穿了很多年的复古感，可以体现出你对牛仔裤的偏爱。对牛仔裤的偏爱，换言之就是给人一种时尚弄潮儿的感觉。

浅蓝色牛仔裤有很多种搭配方式，**而我推荐的是与色系差不多的浅色上衣搭配**。我身上穿的衣服是米色的，这种颜色给人一种温和、柔软的感觉。两种柔和的颜色搭配在一起，会使你变得很有女人味。

在所有的牛仔裤中，这种浅蓝色的是看起来最休闲的。所以，一定要和偏正式的衣服混搭，这一点不要忘记。因为衬衫是在工作中也可以穿的正式服装，可以与休闲牛仔裤进行混搭，这样就可以美美地出门了。

将衬衫的三颗扣子解开，向后拉一拉露出后脖颈，普通的衬衫就会变得超级时尚。因为浅棕色属于裸色，看起来会比较性感，翻领衬衫和纯色衬衫这两种都是可以的。同时我还推荐前短后长的变形版衬衫，如果从侧面看，前后长短不一，会很吸睛，而且非常时尚。因为前面短，所以用不着掖到衣服里面，十分方便。

要点
小提示

☑ 浅蓝色的牛仔裤搭配浅色衣服。

☑ 搭配衬衫时，露出后脖颈，效果截然不同。

看我搭配棕色和蓝色的效果如何？

深色与深色搭配，在夏天穿看起来会显得很热。

66.

蕾丝花边衬衫可以搭配纯色

衬衫 _tiptop
牛仔裤 _UNIQLO
包 _BICASH
鞋 _repetto

个人资料

24岁/咖啡店店员/家中养着
一条迷你腊肠犬

是不是有人经常告诫你，搭配蕾丝花边衬衫时要特别注意，因为甜美系的搭配是需要技巧的。可是我特别喜欢蕾丝、丝带这类装饰，无论多少岁都想穿。每当看到蕾丝花边的衣服，我都会考虑如何搭配才能看起来时尚。今天我向大家介绍蕾丝花边衣服的搭配技巧，其实非常简单。

搭配蕾丝花边衬衫的技巧，就是下半身服装要选黑色的。今天我穿了一条黑色牛仔裤，看起来就很酷。如果是黑色皮裙，就显得性感又可爱。如果是紧身裙，就显得成熟又可爱。无论是裤子还是裙子，只要是黑色的就可以。但是要注意，要选择那些没有装饰、设计简洁的款式哦。

此时鞋子也要选黑色的，匡威帆布鞋或者芭蕾舞鞋都可以。不过我今天的这套服装搭配，主角是蕾丝花边衬衫，所以无论是下半身服装还是鞋子，都不要格外显眼。无带浅口皮鞋、高档运动鞋会使脚部格外显眼，所以不可以穿。

有人担心穿蕾丝衬衫太冷，其实，里面穿一件保暖内衣就好了，米色的保暖内衣穿在里面也不会被看见，不用担心。

要点
小提示

☑ 搭配蕾丝花边衬衫时，下半身服装要选黑色的。

☑ 鞋子也要选黑色的。

67.

穿稍大的紧身牛仔裤更显身材

T 恤衫 _POLO RALPH LAUREN
牛仔裤 _UNIQLO
包 _THE NORTH FACE
鞋 _VANS

个人资料

20岁/大学生/在咖啡店打工
的时候交了女朋友

紧身牛仔裤，正是因为紧身，才显得身材好。可是，如果过于紧身，对我来说，有点不舒服。

我发现大二三码的紧身牛仔裤是一个不错的选择。**因为紧身牛仔裤本身就是为了凸显苗条而被设计出来的，所以即使大几码，身材照样看起来苗条**，这真是一个"重大"发现。

再有一点，夏天可以穿彩色宽松 T 恤衫。因为夏天不能穿太多，往往就是上身一件，下身一件，这样简单的搭配。所以，上身穿一件彩色 T 恤衫，看起来非常时尚。以前听人说过，"这么花哨的衣服只适合年轻人吧？"但我觉得，夏天穿一些花哨的衣服，无论哪个年龄段的人看起来都会很漂亮，不像那些人说的那样。当然，那些对彩色衣服有抵触心理的人，可以选择单色 T 恤衫。这时我建议不要选黑色之类的暗色，可以选淡粉色、陶土橘等亮色的。

可以通过双肩包的背带和运动鞋来点缀黑色，只要有一点儿黑色，一切看起来都很时尚。

要点
小提示

☑ 夏天，推荐穿彩色宽松 T 恤衫。

☑ 用小物来点缀黑色，会凸显时尚感。

今天我穿着彩虹色 T 恤衫，背着黄色双肩包。

找到你了，很明显哦。

68.

透明服饰与黑色紧身裤是绝配

衬衫 _and Me...
内衣 _UNIQLO
牛仔裤 _UNIQLO
包 _GU
鞋 _minky me！

个人资料

33岁/喜欢一个人喝酒/正在
学弹吉他

透明服饰配上黑色紧身牛仔裤，既潇洒又帅气。虽然看起来搭配难度很大，但穿起来格外简单。透明的服饰，可以是我身上穿的这种衬衫，也可以是透明的包、冰块般的塑料首饰等。

因为是透明的，即使搭配黑色、紫色这种较浓颜色的服装，也不会显得很沉闷。**建议在透明衬衫里面搭配黑色开胸无袖上衣。**因为下半身也是黑色的，透明衬衫里面再搭配上黑色，看起来会显得很苗条。这种搭配，即使不把衬衫掖进去裤子里也很显瘦，是很不错的搭配方法。

这款凉鞋虽然不是透明的，但鞋带细、鞋底薄，会给人带来一种清凉感。黑色细鞋带，有一种奢华感，显得成熟，会让你成为一位漂亮的小姐姐。

同样是露脚背的凉鞋，如果选沙滩鞋，过于休闲，这时需要搭配偏正式的服装，所以搭配起来格外难。我穿的这款凉鞋就比较好，可以与任何式样的西服搭配。另外，这款凉鞋能固定住脚踝，走起路来比沙滩鞋更方便。

在炎热的夏天，透明服饰有一种清凉感，看起来很时尚，所以最好备几件有透明质感的服饰吧。

要点小提示

☑ 透明衬衫里面搭配黑色开胸无袖上衣，会很显身材。

☑ 比起沙滩鞋，系带凉鞋走起路来会更方便。

这种裤子，虽然露得少，但也很性感哦。

常见的服饰，如果选透明面料的，就会感觉很性感哦。

69.

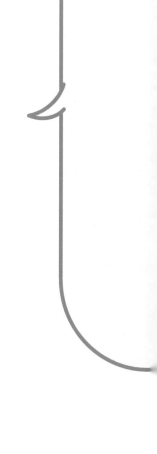

白色牛仔裤容易造就时尚感

T恤衫 _agnès b.
牛仔裤 _UNIQLO
包 _CHANEL
鞋 _Demi-Luxe BEAMS

个人资料

70多岁/事业型母亲/工作到退休

上了年纪的人，如果穿着特别讲究，会让人感觉你不是一般的时尚。我觉得只要营造一种以时尚为乐的氛围，就足够时尚了。此时你需要掌握的是"时尚"。虽说时尚是流行的意思，但只要学会了"时尚"，就可以随心所欲地穿自己喜欢的衣服，让你浑身散发出一种高雅的气质。

我身上穿的这套服装，搭配很简单，是 T 恤衫和牛仔裤的组合，属于白色偏多的单色搭配，但看起来很时尚。一说到单色，大家往往会想到以黑色为基调的搭配样式，但是在夏天，可以多选用清爽的白色。

说到时尚，多数人会想到黑色，但是浅灰色也能做到这一点。在白色和黑色之间的所有颜色，都有一种时尚感。灰色让人感觉极其清爽，黑白单色图案给人雅致的感觉。在时尚方面，我做了各种尝试，到了这个年纪，越来越能体验到时尚的乐趣。随着年龄的增长，对服装的品位会说明一切，希望年轻人能体验到服装搭配带来的更多乐趣。

顺便说一下，这款牛仔裤是优衣库的。如果去中老年服装店里买，要不腰围大，要不有刺绣，很难下手。但是优衣库没有面向特定年龄段的商品，所以穿在身上也不显老。

要点
小提示

☑ 白色偏多的单色搭配，会感觉清爽。

☑ 优衣库的牛仔裤穿起来不显老。

您很喜欢法国吧。

法国？

但是女儿作为礼物送给我的。

在网上挑选了一件合适的 T 恤衫。

70.

橘色上衣搭配蓝色牛仔裤，
清纯且活力十足

上衣 _SNIDEL
牛仔裤 _UNIQLO
包 _ZARA
鞋 _SNIDEL

个人资料

27岁/特别喜欢夏天/露肩时，
会穿抹胸

在夏季，我特别推荐橘色上衣搭配稍显褪色的蓝色牛仔裤。**橘色既清纯又娇艳，是一种非常棒的颜色。**现在，橘色眼影也颇受欢迎，它可以使你的面部显得华丽。

浅蓝色牛仔裤非常适合与橘色上衣搭配，因为蓝色与橘色是互补色，两种颜色搭配在一起，相互映衬，可以最大限度地体现出橘色的娇艳感。

今天我穿的橘色上衣是露肩式的。露肩虽性感却不会招致别人的反感，在女性聚会时，会受到大家的青睐。顺便说一下，露出身体时只能露出一处。一定要记住，露肩时不要把脚露出来，露脚时要把肩膀遮住，无袖上衣也一样，这一点要注意。穿露肩上衣时不要佩戴项链，因为露肩才是重点。

对露肩装有抵触的人，可以选择露出一侧肩膀的单肩露肩装。

如果看到米色或棕色提手的手提包，可以买来用，搭配起来很方便。因为棕色感觉柔和，属于百搭色，无论哪种鞋子还是衣服，都比较容易搭配。

要点
小提示

☑ 露肩时要遮住脚，看起来也高雅。即便是裸露肌肤，

☑ 棕色提手的手提包搭配起来很方便。

真是的！我又不冷，不要给我拿披肩了。

嘻嘻嘻～～

71.

穿着无袖夏日针织衫，一定是美女

针织衫 _Joint Space
牛仔裤 _UNIQLO
包 _HAYNI.
鞋 _mamian

个人资料

40岁/住在乡下/美容师

穿着无袖夏日针织衫的人大多都是美女，这里说的美并不是指颜值高，而是一种气质美。无袖夏日针织衫可以说是体现美女气质首屈一指的服装。

让我来告诉你，美女是如何选择无袖服饰的吧。

首先要选肩部宽松、平坦的。这样，即使露出胳膊来，也会削弱裸露感。因为肩部宽松，从正面看，腋下部分不会露出来，因此就算胳膊有些松弛，也绝对没问题；其次，要选择下摆开衩的，这样看起来显瘦。如果下摆是收口式，看起来圆鼓鼓的，看起来就会显胖。

穿无袖服饰佩戴手镯很帅气。比起手链，手镯更粗，存在感强，所以胳膊外露时，戴手镯更合适。不要选金灿灿的，否则看起来毫无高级感。

银色的手镯看起来很酷，木质的看起来有自然感，亚克力的看起来凉爽，可以根据自己的喜好来选择。

要点
小提示

☑ 穿无袖服饰佩戴手镯很帅气。

☑ 肩部宽松、下摆开衩的无袖服饰最完美。

肩部过窄，感觉像是摔跤服。

肩部越宽，会更好地遮住胳膊。

72.

淡色衣服让人感觉干练

连衣裙 _ URBAN RESEARCH DOORS
T恤衫 _FASHIONLETTER
牛仔裤 _UNIQLO
包 _ green label relaxing
鞋 _TOMS

个人资料

36岁/丈夫频繁调动工作/无
论到什么地方，都能很快
适应环境

淡色衣服会给人留下一种干练的印象。**虽然颜色多种多样，但风格比较统一，看起来很高雅。**浅蓝色牛仔裤是值得拥有的单品，色泽内敛、端庄，有休闲感，不会给人留下盛气凌人的印象。

这是一款衬衫式的薄荷绿连衣裙，可以通过小物来装点一些黑色、海军蓝等较深的颜色，这样看起来非常时尚。只要把反差色的效果发挥出来，就会很帅气。总之，在搭配淡色连衣裙时，如果全部选淡色，看起来会很高雅；如果加入反差色，看起来会很帅气，这两种组合大家都可以尝试一下。

我在里面穿了一件白色T恤衫。淡色中加入一点儿白色，看起来比较整洁、明快。当然也可以选白色运动鞋、包、帽子之类的。这款白色T恤衫，为整个颈部增添了白色，这样面部看起来就很有光彩，所以我极力推荐这种搭配。

衬衫连衣裙根据敞开的程度不同，给人留下的印象也不同。如果解开胸前的三颗扣子，会让人感觉你很有女人味。相反，如果下摆敞开较大，会比较有动感，感觉很休闲。

当然也可以把所有的扣子都解开，作为长款的开衫来穿，所以衬衫连衣裙是非常值得拥有的。

要点
小提示

☑ 牛仔裤能增添休闲感。

☑ 加入一点儿白色，可以使整体的淡色搭配更紧凑。

73.

T恤衫搭配黑色紧身裤，尽显时尚

帽子 _KIJIMA TAKAYUKI
T恤衫 _UNIQLO
牛仔裤 _UNIQLO
鞋 _NIKE

个人资料

60岁/化妆造型师/喜欢赏
花和插花

白色 T 恤衫搭配黑色紧身裤，是一种非常时尚的搭配方式。虽然我身材一般，但是这种搭配方式能使我的身型看起来非常好看。黑白搭配，可以说是终极的简约搭配方法，只要选择高品质、有体量感的服装，就能做到时尚超群。

当然也可以选择价格便宜的服装。首先要选择有光泽度的 T 恤衫，我身上穿的这款优衣库高级混合棉圆领 T 恤衫，就足够满足需求了。如果选牛仔裤，我同样推荐优衣库的超级弹力紧身裤。**虽然都很便宜，但是质量很好。**

关于尺寸，可以选择比平时穿的尺寸大一码的。因为如果过于紧身，体型就完全暴露出来了；如果尺寸太大，看起来又很幼稚。平时穿 M 码的人可以选择 L 码的。对于女性来说，方法同样适用。但不能选白色 Polo 衫或者有褶皱的裤子，否则看起来会像大叔。

事实上，这款运动鞋也是搭配的一个重点。运动鞋有体量感，脚下看起来不会寒酸，个子看起来也会高一点儿，而且白色显得清爽。如果连 Logo 也是白色的，那就更好了。帽子可以选全黑且没有图案和标志的，看起来整洁、帅气。

要点
小提示

☑ 上半身和下半身服装都要选大一码的。

☑ 如果穿运动鞋，推荐选有体量感的白色运动鞋。

Hi

大叔一下子换成纽约克风格了。

74.

可以拥有多件花衬衫

衬衫 _Kate Spade NEWYORK
牛仔裤 _UNIQLO
包 _Kate Spade NEWYORK
鞋 _Kate Spade NEWYORK

个人资料

34岁/学生时代就开始喜欢
Kate Spade/喜欢的东西会
一直珍藏着

注：Kate Spade（凯特·丝蓓）是主营手提包和鞋子的美国品牌。

面料柔软、蓬松的衬衫，穿起来很高雅，但不失小性感。当你想打扮得漂漂亮亮出门的时候，可以多备几件这样的衬衫，穿在身上显得很华丽，也不受季节的限制，非常方便。

在选择面料柔软、蓬松的服饰时，要选 V 领的。V 领所拥有的直线条能增加酷感。面料柔软、蓬松的衬衫因为质地软，看上去比较甜美，所以可以在裁剪处或者一些细微之处加入一点儿帅气的元素，这样比较好。蝴蝶结的丝带是纵向下垂的，看起来很成熟。

在一些常见的品牌中，Agnes b 品牌的图案很高雅，Jocomomola 品牌的色彩很鲜艳，Kate Spade 品牌除了扑克牌图案、动物主题等没有其他花样，但同样很有魅力，这些品牌的服装都很漂亮。

黑色牛仔裤凸显帅气，和甜美风格的蓬松衬衫很搭，所以可以毫不犹豫地选择黑色牛仔裤，这就是所谓的"甜辣搭配"，看起来非常时尚。

另外，厚底凉鞋能让你的腿看起来更加修长，并且有力量感，再加上清爽的下半身搭配，这样整体的搭配就比较均衡了。今天在穿这条紧身牛仔裤时，我选择了厚底凉鞋，这无疑是一个不错的选择。

要点
小提示

☑ 花衬衫要选择面料柔软、蓬松的。

☑ 紧身牛仔裤配上厚底凉鞋，可以让腿看起来更加修长。

Kate Spade 的包没有过时不过时一说，所以可以一直拿着。

老鼠包！？

这种组合看起来永远浪漫哦！

75.

连衣裙搭配牛仔裤，给人一种清新感

连衣裙 _Rirandture
牛仔裤 _UNIQLO
包 _HAYNI.
鞋 _AmiAmi

个人资料

31岁/喜欢看大海/今生一定要住在镰仓

如果蓬松的连衣裙下搭配一条牛仔裤，会给连衣裙增添一种帅气感。这样连衣裙的整体风格也会随之改变，非常时尚。当然也可以搭配紧身裤，紧身裤的面料柔软，版型修身，让人感觉容易亲近，借此可以提升自身的好感度。

连衣裙和牛仔裤都是浅色系的，看起来温柔、高雅。选紧身裤时，要选米色或灰色的。黑色的看起来古板，大家要尽量避免。

顺便说一下，夏天如果你想拿大包，建议选择棕色的藤质包。大包会让人感觉沉闷，但如果是棕色的，效果会好一些。因为棕色和黑色一样，虽然都属于百搭色，但比黑色柔和。而且藤这种材料可以体现季节感，非常时尚。藤织包、笼式手提包是夏季搭配的万能时尚单品，出行时带一款这样的包，极其便利。

当你在选择一些宽松的、女人味十足的衣服时，要选择蓝色系的，看起来清新。有立体波纹边的蓬松裙，既显女人味，又不失可爱感。

要点
小提示

☑ 藤织包是夏季搭配的万能时尚单品。

☑ 有体量感的连衣裙搭配牛仔裤，别具一格。

搭配牛仔裤，感觉帅气；搭配紧身裤，感觉休闲。

原来如此。

76.

针织面料的吊带连衣裙，时尚感十足

T恤衫 _UNIQLO
连衣裙 _GU MNM
包 _GU MNM
鞋 _SESTO

个人资料

31岁/ DREAMS COME
TURE（日本"美梦成真"
乐团）的粉丝/ 非常喜欢
DREAMS COME TURE的
"服装大师"丸山敬太

在夏天，针织面料看起来是非常时尚的。大多数人在夏天会选择连衣裙，或者"上身一件，下身一件"的搭配，所以大家的穿衣风格基本都一样。但是，**很少有人会选针织面料的服饰，正因为与众不同，才能显得格外时尚。**像我现在穿的吊带连衣裙，还可以叠穿。因为针织面料轻薄，所以里面可以搭配牛仔裤或者打底裤。

针织眼偏大的针织衫看起来比较可爱，所以在选择颜色时要选择成熟的深色系，可以从黑色、卡其色、棕色、灰色中选择，可爱、成熟两种风格融合在一起，非常漂亮。

像这种吊带连衣裙类型的衣服，应该选什么样的内搭服装呢？只要是版型修身的都可以。**只要不影响针织衫的效果，不显得拖拖拉拉的就没问题。**例如大小合适的T恤衫、收口针织衫、无袖针织衫之类的。颜色就从白色、黑色或米色中选择一种吧，这三种颜色无论搭配什么样的针织衫都很时尚。

要点
小提示

☑ 选择深色的吊带连衣裙，看起来很成熟。

☑ 内搭服装要选版型修身的。

77.

美的女性形象
灯笼袖式上衣可以塑造完

上衣 _JOURNAL STANDARD
牛仔裤 _UNIQLO
包 _La-gemme
鞋 _TEVA

个人资料

40岁/有三个儿子,都是棒
球队队员/每个休息日都是
从做便当开始的

如果你发现一款灯笼袖式上衣，那简直是太幸运了！如果喜欢就马上买下来，因为这种款式的上衣，会让你散发华丽、高贵的气质，让人产生一种美女缓缓走来的感觉。

所谓的"灯笼袖式上衣"，就是袖子像灯笼一样具有曲线设计式样的上衣。**因为富有曲线，袖子宽松，所以看起来很有女人味。**另外，袖子宽松，可以使手臂看起来更加纤细。

夏天选亚麻布面料的衣服，穿起来很清凉。因为亚麻布不仅吸汗而且速干，触感像T恤衫一样柔软，穿着很舒服。

因为穿灯笼袖式上衣时，人看起来很甜美，所以任何款式的裤子都能搭配。如果穿牛仔裤，休闲感增强，会给人留下一种活力四射的印象。虽然不太推荐搭配裙子，但如果要搭配，还是选择皮裙或牛仔裙吧，只有这些看起来比较帅气的裙子才适合搭配。另外，搭配时可以把脚踝露出来，这样看起来更显瘦。虽然显瘦的方法有很多，**但在搭配灯笼袖式上衣的时候，把身体纤细的部位露出来，会使你的身体曲线更突出，身材显得更有型。**此外，平底凉鞋和九分牛仔裤可以说是绝配，既休闲又很有女人味。

要点
小提示

☑ 灯笼袖式上衣能让你的手臂看起来更纤细哦！

喵喵酱，你的袖子也太鼓了。

☑ 灯笼袖式上衣搭配牛仔裤，会给人一种既美丽又有活力的印象。

☑ 九分牛仔裤搭配平底凉鞋，让你看起来瘦了不少。

78.

搭配一件长款开衫，人就会变得时尚

开衫 _GAP
针织衫 _ BEAUTY & YOUTH
　　　　 UNITED ARROWS
包 _Donoban
鞋 _enchanted

个人资料

36岁/就职于非营利组织/
喜欢聊天

你值得拥有一件长款开衫，只要"变换"一下面料，一年四季都可以穿。搭配一件长款开衫，整个人就会变得很时尚。除了长款开衫，没有哪种衣服能这么好搭配了。

因为我怕麻烦，所以在服装搭配时这种长款开衫不知帮我省了多少力气。无论是什么样的搭配，开衫的长线条都能使人变得整洁、修长。

关于开衫的材质，春秋季可以选择棉质或者人造纤维的，秋冬季可以选择针织面料的。无论是哪一种面料，都选高针数的吧。所谓的高针数面料，是指针脚密集并且光滑的面料，穿在身上会凸显一种成熟的魅力。如果开衫的长度及膝，无论是裙子还是裤子，下半身可以随意搭配。

关于开衫的颜色，可以选米色、象牙色、灰色等，这些柔色的。**柔色既可以映衬你面部的肤色，又给人一种温柔的感觉。**如果选深色的，整体感觉就会变得沉闷。今天我穿的是一条牛仔裤，外面仅搭配了一件面料柔软的开衫，显得非常漂亮、成熟，同时又营造了一种平易近人的高级感。这款长方形的迷你包，轮廓分明，非常帅气。

要点小提示

☑ 长款开衫要选择柔色的。

☑ 携带一款长方形迷你包，很帅气。

极其简单的搭配，看起来非常时尚。

这两款是『单品之神』啊。

79.

透明衬衫跟普通衬衫的穿法相同

衬衫 _Uniqlo U
T 恤衫 _UNIQLO
牛仔裤 _UNIQLO
包 _ZAKKA-BOX
袜子 _UNIQLO
鞋 _GUCCI

个人资料

70多岁/忙于和太极拳队的
好友们一起旅行/有7个子孙

只要将平时穿的衬衫换为透明的，就会变得极其时尚哦。透明衬衫的穿法与普通衬衫相同，只要是透明面料的，无论谁穿都很时尚，所以我特别向大家推荐。

内搭衣物可以选择圆领 T 恤衫或者圆领无袖 T 恤衫。与 V 领 T 恤衫相比，圆领 T 恤衫能减少肌肤的裸露面积，很帅气。有袖子的 T 恤衫感觉帅气，无袖 T 恤衫感觉性感，因为我怕冷，所以选择的是圆领 T 恤衫。顺便说一下，**冬天可以在透明衬衫外面搭配一件毛衣，这时需要把透明衬衫从领子和袖口处露出一点儿，这样更漂亮。**

不知你是否注意到了，如果这件衬衫不是透明的，这种搭配就是一种极其"普通"的搭配。这种"普通"是极其重要的，如果你想搭配一些比较特殊的服装，没有这种良好的服装基础是不行的。

牛仔裤、矮腰皮鞋可以说是从几十年前就开始流行的，正是这种几十年一成不变的设计，才尤为经典，也更易于搭配。所以，无论是牛仔裤还是矮腰皮鞋，加入破洞设计也好，稍微改变鞋的款式也好，都是不行的，要选择经典款的。

要点
小提示

☑ 内搭圆领 T 恤衫非常帅气。

☑ 基础款单品服饰，容易搭配特殊服饰。

总是打扮得这么时尚啊。

连我自己都觉得很时尚哦。

关系真不错啊。

80.

海军蓝与棕色是绝配

围巾 _macocca
衬衫 _UNIQLO
牛仔裤 _UNIQLO
包 _JUNGLE JUNGLE
鞋 _outletshoes

个人资料

40岁/在家工作/喜欢咖啡
和巧克力

海军蓝与棕色组合在一起，是最时尚的色彩搭配。深棕色是现在流行的颜色，海军蓝是经典的适合成年女性的颜色，两种颜色搭配在一起，无疑很时尚。

仅是这两种颜色搭配在一起就足够时尚了，如果再加上粉色，时尚感会更强。粉色能把这两种颜色完美地融合在一起，三者搭配才是最完美的。但是要注意，粉色仅限于与棕色和海军蓝搭配。

尤其是粉色围巾，面部有了粉色的衬托，会显得脸色很好看，也会更显年轻。

关于粉色，有一点想跟大家说一下。大多数人认为年轻人适合亮粉色，上了年纪的人适合暗粉色。我觉得不是这样的，一旦某种粉色适合你，无论多大年纪都是适合的。另外，我觉得粉色适合任何人，如果觉得不适合，那可能是因为颜色的深浅没有把握好。从浅到深，总有一款粉色是适合你的。可以把不同的粉色拿到脸旁对比一下，如果面部变得明亮，就说明这款粉色适合你。如果找到了适合自己的粉色，就可以一生受用了，无论多大年纪，气色如故，依旧很好，所以一定要找到它！

要点
小提示

☑ 适合自己的粉色无论多大年纪都非常适合。

☑ 搭配一款适合自己的粉色围巾，气色会一下子变得很好。

用粉色这种中间色，把色差甚远的棕色和海军蓝，巧妙地融合在一起了啊。

怎么能用料理来比喻呢？不过看起来很好吃啊。

喵喵酱特制。猪肉做的角煮，茄子上添加了新鲜生姜。

81.

牛仔裤搭配竖条纹衬衫，是经典的时尚搭配

衬衫 _UNIQLO
牛仔裤 _UNIQLO
包 _ZAKKA-BOX
鞋 _ 长腿叔叔

个人资料

29岁/服装广告宣传员/擅长
多领域时尚策划

如果早上穿衬衫，可以选翻领衬衫。解开上面的三颗扣子，然后把领子往后拽一下，卷起袖子，这样一切都会变得很时尚。如果你担心走光，可以选择圆领背心或T恤衫作为内搭衣物，既有运动感又很时尚。

凡是有领子的衬衫都可以这样搭配，衬衫看起来清爽，有知性美，再搭配上休闲风格的牛仔裤，就很时尚了。

这种搭配相对来说比较简洁，所以在选衬衫的时候要特别注意。**不要选纯白的，要选有竖条纹的。**白衬衫挑身型，效果因人而异，有的人穿着看起来像制服，有的人穿着看起来像厨师的烹饪服，但是条纹衬衫适合每个人，穿上后显得干练，有知性美。

如果买衬衫，推荐买优衣库的男士衬衫。虽然女士罩衫的款式很多，但是衬衫的款式相对来说比较少。男士衬衫花纹和面料多种多样，关于尺寸，可以选比平时穿的女士衬衣小一码的。例如，穿女士衬衫M码的人，要选择男士衬衫S码的。比起女款，男款衬衣显得宽大，这样可以让女性的身材显得更苗条。

🐾 **要点小提示**

☑ 选择有光泽的衬衫。

☑ 优衣库的男士衬衫种类比女式衬衫多得多。

看起来是一个很干练的女人啊。

当我郑重其事地望着远方的时候，有人说我像哲学家。

82.

衬衫适合所有人

大尺码设计风格的白色

衬衫 _UNIQLO and JW ANDERSON
牛仔裤 _UNIQLO
鞋 _CONVERSE

个人资料

39岁/个体营业者/负责幼儿
园小朋友的接送

168

其实我不怎么喜欢白色衬衫，穿在身上，感觉像学生。但是我发现了一款超级棒的白色衬衫，就是大尺码设计风格的。并不是因为我平时爱穿大尺码的衣服，而是因为这种设计风格才喜爱上的。

因为普通的白衬衫穿起来没有休闲感，看起来像是制服，如果是大尺码设计风格的衬衫，我想可以增加休闲感。

顺便说一下，在选大尺码设计风格的衬衣时，如果选大一码的，穿起来会更有休闲感。但有一个重点，就是肩部与袖子的衔接处可以直接向手臂方向滑落下来，否则，紧贴肩部，即便很大，而不能向手臂方向滑落，看起来还是会像制服，或者像穿着松松垮垮的衬衫的大叔，这一点要务必注意。

另外，在搭配这种款式的衬衫时，不要选裤腿过长的牛仔裤，否则看起来不时尚。所以在买牛仔裤时，别忘了要把裤腿改短一些，裤腿的长度刚好碰到运动鞋就可以，这一点也要务必记住。还有，在你买牛仔裤的时候，如果不当场改裤腿，可能以后就永远懒得去改了，虽然很麻烦，但大家一定要当场改。

🐾
要点
小提示

☑ 过于简洁的搭配，只要记住牛仔裤不要过长，就能体现最高级的时尚感。

☑ 牛仔裤的长度刚好碰到运动鞋就可以了，这是要点。

小洋爸爸，再见！

很多女性都有一个共识，就是白色衬衫会给人一种清爽的感觉。

83.

风衣搭配针织连衣裙，
很性感

外套 _ JOURNAL
　　　STANDARD relume
牛仔裤 _UNIQLO
包 _HAYNI.
鞋 _SESTO

个人资料

41岁/美食专家/和助手一起
不停地试吃

说起针织连衣裙，其魅力就在于舒适的面料轻柔地贴着身体，能充分凸显女性的曲线美。在这个基础上，试想一下，再搭配上合身的风衣，效果会怎么样呢？绝对会让你变得性感，给人一种干练的感觉。

针织连衣裙，可以选择编织细密的高针连衣裙，也可以选择编织松散的低针连衣裙。针织连衣裙可以搭配牛仔裤，这样看起来很可爱，还有一种休闲感。**棕色和海军蓝组合在一起，可以说是最棒的组合，尤其是这款深棕色连衣裙，效果相当不一般。**当然，也可以只穿一件连衣裙，下面搭配紧身裤和长筒靴。

另外，在冬天，豹纹包可以让你的搭配看起来更时尚。尤其是以棕色为主的搭配，背一款豹纹包，豹纹中的黑色元素会使整体搭配显得更加精致，当然也可以选斑马纹的。

总之，有黑色元素的动物皮毛花纹，可以使棕色搭配看起来更加精致，豹纹可爱，斑马纹帅气。这款圆形包在外观上可以体现一种立体感，非常时尚。

要点
小提示

☑ 以棕色为主的搭配，要加入有黑色元素的动物毛皮花纹配饰。

☑ 针织连衣裙搭配牛仔裤，或者长裙、长筒靴，看起来非常时尚。

整体的 30% 以下就可以了。

在卖萌

我不知道搭配多少豹纹才能不让别人感到害怕。

84.

全身休闲搭配时，要选黑色牛仔裤

外套 _Champion
上衣 _JOURNAL STANDARD
牛仔裤 _UNIQLO
包 _meri
鞋 _NIKE

个人资料

34岁/喜欢猫，不喜欢狗/和丈夫一样，爱好穿西装

因为冬天太冷了，所以不能穿裙子和无带浅口皮鞋。如果要御寒，无论如何也要穿休闲装。但是如果下半身搭配黑色紧身牛仔裤，看起来就不会俗气。**黑色紧身牛仔裤，酷、帅气，所以搭配这样的牛仔裤，会给人留下一种帅气的感觉。**我特别推荐修身的小脚裤，我今天穿的也是一款优衣库的高腰紧身牛仔裤，显得腿部修长，看起来很漂亮。

有两个方法可以让休闲单品穿起来显时尚。第一点是要以单色为基调，黑色或者灰色，可以让整体搭配看起来时尚；第二点是点缀小面积的白色。例如，可以在 T 恤衫的领口、下摆以及运动鞋这几个部位加入白色。加入白色后，会给人一种清新感，显得高雅，如果在多个部位加入白色，整体就比较协调。只要记住以上两点，即便全身穿休闲装，也会显得很成熟。

虽说这样的搭配已经足够，但如果再搭配上颜色鲜艳的外套，会变得更加华丽。虽说是搭配颜色鲜艳的外套，但如果选红色或者黄色的，会有点像替补队员的感觉，所以可以选蓝色这样的冷色系，看起来比较帅气。要是选长款的，会更加帅气。

要点小提示

☑ 休闲单品选单色的，看起来很成熟。

☑ 如果要搭配颜色鲜艳的外套，要选择冷色系的。

在我们猫的世界里，也有类似的运动鞋哦，叫作 mike。

哎？先穿哪一只呢？

注：mike，日语"ミケ"，三色猫的意思。

85.

高领针织衫叠穿，会呈现一种成人的稳重感

毛衣 _UNIQLO
针织衫 _UNITED TOKYO
牛仔裤 _UNIQLO
鞋 _Church's

个人资料

31岁/软件工程师/多吃不胖

在穿 V 领衫的时候，建议在里面搭配高领针织衫，这样看起来超级时尚。当然也可以选衬衫，因为是经典单品，会给人留下一种优等生的感觉。**但是，如果你选高领针织衫，会给人留下一种欧洲时尚达人的感觉。很少**有人会这样搭配，所以也能凸显你的个性。

只要是基础款的颜色，什么颜色都可以。白色清爽，灰色、黑色显成熟。外面可以搭配任何颜色的针织衫，开司米针织衫可以使整体搭配效果显得高档，所以也适合职场休闲风格搭配。我身上穿的是一件黑色针织衫，你也可以选择胭脂色、红色等亮色的。

今天我在搭配牛仔裤的时候，选择了一条尺码稍大的牛仔裤，没有紧绷感，非常时尚。在选择尺码的时候，男性可以试着选择大两三码的，女性可以试着选择大一二码的。尺寸大一点儿，腰围和大腿的部位就会比较宽松，穿起来很方便。因为紧身牛仔裤从膝盖往下会变细，所以即使选择大码的，整体看起来也会很修身。顺便说一下，在选袜子的时候，要选与鞋同色的，这样不会显得不协调。今天我穿的鞋是黑色的，所以选了黑色的袜子，如果鞋子是棕色的，袜子也要选棕色的。平时多备几双黑色和棕色的袜子，在搭配的时候会比较方便。

**要点
小提示**

☑ 将高领服饰作为内搭，非常时尚。

☑ V领开司米针织衫会使整体搭配变得高档。

175

86.

短靴配上修身牛仔裤，
很有模特范儿

毛衣 _GALERIE VIE
牛仔裤 _UNIQLO
包 _Moronero
鞋 _ZARA

个人资料

34岁/喜欢去全国各地的星
巴克/鸟取县有了星巴克后，
实现了终极目标

在 Instagram App（图片分享社交软件）上有我一直关注的模特，在关注那个模特时，我发现她在搭配紧身牛仔裤的时候，长度刚好到短靴的位置，所以这个长度非常关键。**搭配一条这样的紧身牛仔裤，可以让你成为漂亮的模特。**

现在我身上穿的是一条优衣库的高腰紧身牛仔裤，这是一款稍微宽松的紧身牛仔裤。在买这条牛仔裤的当天，我就把牛仔裤的长度改到靴子口稍微靠下的位置。在搭配短靴时，裤腿稍微缩短一点儿，这样连脚尖部分都可以连成一体，整个腿部显得超细、超长。

可能有些人会觉得，只有在冬天穿短靴的时候才能这样穿，其实不然，在穿一些高级运动鞋的时候，搭配这样的牛仔裤，把脚踝露出来，也是超级时尚的。还有，在夏天搭配凉鞋来穿，效果也是不错的。总之，有一条稍微短点儿的紧身牛仔裤，是非常方便的。

短靴和牛仔裤都可以选黑色的，如果颜色一样，可以显得腿部更修长。如果搭配高跟鞋，效果会格外明显。另外，在冬天搭配服装时，还有一个建议，就是携带一款细链的挎包。细链可以使容易显土气的针织衫看起来比较精致，当然也适合搭配大版型的外套。

要点
小提示

☑ 如果牛仔裤长度适合穿短靴，搭配起来很方便。

☑ 细链挎包可以代替首饰。

这样搭配，腿会显得格外修长哦。

的确！喵喵酱。

87.

选择稍微宽松的白色
牛仔裤可以显瘦

外套 _MHL.
毛衣 _green label relaxing
牛仔裤 _UNIQLO
包 _ZARA
袜子 _靴下屋
鞋 _ZARA

个人资料

33岁/喜欢独自喝酒/正在学
习弹吉他

穿白色牛仔裤时，选择宽松一点儿的，可以显瘦哦。穿在腿上如果感觉紧绷绷的，会显得有很多赘肉，显胖。**如果白色牛仔裤出现褶皱，是非常显眼的。**如果出现横向褶皱，就预示着你应该选择大一码的。如果牛仔裤宽松一点儿，看起来就像是布料有剩余一样，让腿看起来很细，而且还会营造一种休闲感，让人感觉很时尚。

如果你想穿有丝带、绣花的服饰时，选择黑色的比较合适。原本可爱的东西一旦变成黑色，就会骤然变得令人震撼。可爱、帅气的服饰是比较有魅力的。我现在穿的鞋是一双有黑色丝带的矮腰皮鞋，袜子是透明的黑色绣花袜子。这款袜子可以说是一个搭配的重点，因为是黑色的，所以无论什么样的鞋子都能搭配，非常方便。

我还喜欢方形大耳环，直线设计看起来很帅气。当你觉得脖子周围乱糟糟的时候，可以不佩戴项链，把头发扎起来。这时如果你戴一副大耳环，会显得脸小。因为大的东西会跟面部形成一种对比，脸自然而然就显得小了。另外，方形大耳环还有另外一种作用，就是高领毛衣容易让人看起来体态丰满，正好可以通过方形大耳环所带来的酷感来弱化一下。

要点
小提示

☑ 穿高领毛衣时，可以戴方形大耳环。

☑ 有丝带、刺绣这些可爱装饰的服装，如果选黑色的，就会显得时尚、帅气。

像大熊猫那样，白色搭配中加入适量的黑色，很可爱。

嗯嗯嗯，你在干什么？

88.

一件颜色鲜艳的毛呢大衣，足以让你显得时尚

大衣 _UNITED TOKYO
毛衣 _ROPÉ PICNIC
衬衫 _UNIQLO
牛仔裤 _UNIQLO
包 _I NEED MORE SHOES
鞋 _outletshoes

个人资料

29岁/西点厨师/喜欢马卡龙的颜色

彩色大衣非常时尚，走在大街上，回头率很高。虽说每一种颜色都很可爱，但我最推荐的是以下这三种颜色，清爽的薄荷绿、温柔的淡紫色、充满生机的黄色。在日常生活中，你值得拥有一件彩色大衣。毛呢面料很有高级感，即便你想通过颜色来调整一下自身的搭配，只要不是油光锃亮的，依旧很高雅。

穿彩色大衣的时候，除了其自身的颜色，至多选两种颜色，再搭配白色，这样不会显得花哨。在冬天，白色点缀得越多越漂亮。

今天我搭配的是蓝色的工装牛仔裤与米色上衣，在此基础上，稍微加入一点儿白色。上衣下摆处稍微露出的竖条纹是蓝白相间的，我觉得可以通过它来增加一点儿白色，于是就作为内搭服装来穿了，而且还保暖。除大衣的颜色外，你要搭配的颜色要限于两种，记住这一点，彩色大衣就很容易搭配了。

冬天携带一款毛茸茸的包，很能体现季节感。**圆形包会使你的整体搭配很有女人味，如果选择毛茸茸的面料，会更加可爱。** 就像在夏天要携带笼式挎包一样，每个季节都有适合的单品，当你拥有了这些单品后，搭配起来会非常方便。

要点
小提示

☑ 穿彩色大衣时，最多再搭配两种颜色，外加白色。

☑ 毛茸茸的圆形包，在冬天会显得格外可爱。

89.

白色西装长大衣，可以使你的整体搭配变得高雅

大衣 _UNITED ARROWS
披肩 _macocca
毛衣 _UNITED TOKYO
牛仔裤 _UNIQLO
包 _ZAKKA-BOX
鞋 _PELLICO

个人资料

37岁/小学老师/特别喜欢小孩子

冬天经常会穿一些休闲服，要想不时尚都很难。其中，纯白色调是最时尚的颜色，温柔、清新、高雅，可以把你塑造成一位漂亮的小姐姐。

最时尚的是白色西装长大衣。**在冬天，白色是最珍贵的，所以搭配白色西服长大衣，可以使你的整体搭配显得格外时尚。**运动裤、牛仔裤、奇诺裤、运动鞋，所有休闲的服装都可以变为有高级感的服装，当然里面也可以是全黑搭配，这样也很时尚。无论是什么颜色的单品，都能与白色西装长大衣搭配，确实很方便。

如果想用白色来统一色调，需要改变一下面料。今天我身上穿的是羊绒大衣，上身里面搭配的是毛衣，下身搭配的是工装牛仔裤，包、鞋都是皮质的。不同的面料越多，看起来越时尚。

顺便说一下，野牛纹常用于与白色搭配。因为是浅灰色的，接近白色，不会失去色调统一呈现的高雅感，感觉很酷，适合冬季穿。另外，动物毛皮花纹可以消除休闲感，所以，冬天也可以选择有豹纹、斑马纹的饰品来搭配，非常漂亮。

要点
小提示

☑ 一件白色西服长大衣，可以使整体搭配看起来很精致。

☑ 动物毛皮花纹可以消除休闲感。

喵喵酱看到野牛纹，觉得它野生化了。

シャー

那个长靴！喵！

90.

长大衣搭配靴子，在冬天显瘦

大衣 _Spick & Span
毛衣 _STUDIOS
牛仔裤 _UNIQLO
包 _HAYNI.
鞋 _chuclla

个人资料

31岁/行政后勤主管/在橄榄球流行之前，就一直很喜欢这项运动

冬天你是不是放弃了瘦身？是不是别人告诉你要想显瘦，脖子、手腕、脚踝都要露出来？但是冬天太冷了，这种做法行不通，于是我发现了一种冬天既保暖又显瘦的方法。

首先，要选长大衣。长大衣的面料重，有一种一落到底的感觉，看起来干净利落。另外，紧身牛仔裤要搭配细窄靴子，脚尖部位狭长，看起来显瘦。除此之外，还可以戴长项链来点缀，长项链线条长，看起来修身，这样就很完美了。

总之，长大衣、修身裤、细窄靴、长项链，都是竖线条的，这样看起来就能显瘦，法则很简单吧。我在牛仔裤里面还穿了保暖裤，这种高腰紧身牛仔裤，修身不紧绷，能穿得下保暖裤。

无论是羽绒服，还是毛呢大衣，紧身牛仔裤可以使所有的外套都能显瘦，真是冬季爱美的好帮手。

要点小提示

☑ 全身都是竖线条的，就能显瘦。

☑ 紧身牛仔裤可以使所有的外套都能显瘦。

在冬天，别说将手腕、脚踝露出来，就连头我也不想露出来。

确实是啊。

说到披肩，是不是有人感觉没有体量感，且容易松开？那么接下来就告诉你解决的方法吧！

高雅感
针织衫足以体现
一件黑色开司米

可以选择V领和
平时穿的尺寸哦。

CHAPTER 4

91.

开司米V领针织衫，让你看起来很特别

针织衫 _UNIQLO
丝巾 _PLST
牛仔裤 _UNIQLO
包 _TEANY
鞋 _ZARA

个人资料

36岁/首饰设计师/特别喜爱
耳饰

黑色开司米针织衫就像有魔法一样，可以使你整个人变得很特别，高雅、有光泽，能把你塑造成一位高雅的女士。圆领开司米针织衫看起来比较休闲，相对于圆领来说，V领可以稍微裸露你的肌肤，看起来很性感。所以V领是你最好的选择。另外，黑色可以为这种柔软的面料增添一些酷感。

因为面料比较亲肤，所以在内衣外搭配一件这样的衣服，不会有刺痒感。这就是开司米面料的魅力所在。

在选择尺寸时，要选择正合身的。所谓"正合身"，并不是指紧贴在身上，**而是不大不小正合适你。**

开司米针织衫的搭配方法多种多样。今天我的搭配，整体是一种单色搭配，丝巾选的是有佩斯利涡纹旋花纹的黑白丝巾，包也是黑色的。之所以整体黑白搭配，是因为开司米针织衫的面料偏柔和，不用过多的修饰就可以体现出女人味。

可能有人觉得丝巾很难搭配，但如果选黑白这种单色系的，是不会显老的。聚酯纤维、丝绸面料的丝巾看起来很漂亮。如果你实在不会搭配，可以系在包上，这样看起来也很漂亮。

要点小提示

☑ 选开司米针织衫时，选日常穿的尺码就可以。

☑ 在单色搭配时，可以系一条丝巾，看起来会很时尚。

我把丝巾给你系成花的样子了。

还是算了吧。

那样我会崩溃的。

92.

用开司米针织衫打造模特形象，尽显高雅气质

夹克 _PUAL CE CIN
针织衫 _UNIQLO
裙子 _meri
包 _Neuna
鞋 _Onitsuka Tiger

个人资料

30岁/星巴克店长/从学生时代起，就在星巴克打工了

黑色开司米针织衫虽然是黑色的，但面料本身有光泽，所以并不会产生一种沉闷的感觉。如果是 V 领的，既可以适度裸露颈部的肌肤，又可以让你的颈部看起来细长。

如果是一身黑，会有一种模特范儿，很酷。蓬松的长裙原本凸显的是一种女人味，但如果是黑色的，则呈现一种酷感。

在搭配时，如果你选黑色紧身裙或者黑色夹克，看起来会像丧服。我在搭配的时候，上衣选的是针织衫，裙子是蓬松裙，外套是工装夹克，鞋是运动鞋，**清一色的休闲单品，所以整体看起来不会显得沉闷**。虽说是比较酷的，但不会带来压迫感。另外，我在选针织衫、裙子、包的时候，选择的都是有光泽度的单品，这样看起来也会很时尚。

选工装夹克时，建议选择大尺码的。在搭配时，把夹克后面往下拽一下，露出脖领，这会使你的脖子看起来又细又长。

在选择短外套时，稍微大一点的、偏男性化的款式，要比完全合身的款式看起来更酷。**把上衣下摆掖进去，外面再搭配稍微大一点儿的夹克，很显体型**。如果是无领的，同样选大尺码的，看起来也会很精致。

要点
小提示

☑ 纯黑搭配，选休闲单品，会感觉很柔和。

☑ 把上衣下摆掖进裤子或裙子里，外面搭配稍微大一点儿的夹克，很显体型。

无领夹克搭配 V 领毛衣，颈部有一种超凡脱俗的感觉，整体搭配显得很洋气。

为什么不一样呢？

93.

西服里面搭配开司米针织衫，让你变身成干练女性

西服 _UNTITLED
针织衫 _UNIQLO
裤子 _UNTITLED
包 _SLOBE IÉNA
鞋 _Daniella&GEMMA

个人资料

33岁/新员工培训负责人/希望每一位员工都能热爱就职的公司

在冬天，西服里面可以搭配开司米针织衫。黑色开司米针织衫拥有女性的高雅感，外面再搭配西服，效果是最好的，可以体现出成人的从容，让你看起来非常干练。

面料柔软的上衣，会让人感到很温馨。开司米面料特有的光泽，让人觉得高雅且有品位，黑色还会给人留下一种帅气的印象。**也就是说，黑色开司米针织衫作为工作服装来穿也是绝佳的。**

对于经常穿西装的人来说，我建议选灰色的。灰色保持了西装的帅气，比海军蓝看起来更柔和，而且无论是什么颜色的内衣、包、鞋，灰色都能与之搭配。灰色是一种比较柔和的颜色，无论是花哨的颜色，还是深色、浅色，都能与其搭配，给这些颜色增添一份柔和感。当你犹豫不知道选什么颜色的时候，就可以选择灰色的。要是选择黑色、海军蓝等颜色进行搭配，不禁会让人联想到求职面试时穿的衣服，但是如果是灰色的，就不会有这种顾虑，反而会给人一种时尚、成熟、干练的感觉。

在穿西服套装的时候，可以尝试佩戴一些奢华的小首饰。无意间会让你绽放光芒，非常时尚。与金色相比，银色看起来酷，有知性美，而且银色与灰色西装更容易融合在一起。

要点
小提示

☑ 灰色无论与哪一种颜色搭配，都能增添温柔感。

☑ 西服套装搭配银色配饰，显得更知性。

94.

绿色搭配开司米针织衫，魅力不同凡响

针织衫 _UNIQLO
裙子 _ URBAN RESEARCH Sonny
　　　 Label
包 _A.P.C.
鞋 _FELIM

个人资料

29岁/美术补习学校的老师/
画大卫像，比所有人都厉害

虽说绿色是一种富有军人风格的"硬色"，但是如果搭配黑色开司米针织衫，效果会出人意料的好，看起来超级时尚，可以把你塑造成一位知识渊博、有品位的小姐姐，这也许就是另类单品与柔性服饰混搭后展现的魅力吧。**黑色开司米针织衫的确非常实用，无论搭配什么，都可以营造一种高级感。**皮裙、另类单品，在黑色开司米针织衫的映衬下，感觉都很柔和。我现在穿的是一双系带皮靴，正是有了开司米针织衫，这双大皮靴看起来才不那么刺眼。

对于那些像我一样喜欢单色搭配而又开始厌烦了的人，我向你们推荐绿色与黑色的组合，这种组合会给人留下一种帅气的印象。没有什么颜色与绿色是不搭配的，所以当你犹豫不知道选什么颜色好的时候，就选绿色吧。按照这种方法，西服选择起来也是很简单的。

可爱型的服饰与绿色是极其易搭的。因为绿色是一种让人感觉帅气的颜色，所以要选择一些有女人味的服饰来搭配。如果下半身是绿色的，上半身可以选开司米针织衫、雪纺衫、面料柔软的 T 恤衫等。如果上半身是绿色的，下半身可以选裙子、面料柔软的裤子。总之，绿色服饰需要选择其他有女人味的服饰来搭配。

要点
小提示

☑ 黑色与绿色搭配，会感觉很帅气。

☑ 当你不知道选什么颜色好的时候，可以选择绿色。

95.

搭配大码开司米针织衫，显得很可爱

毛衣 _UNIQLO
牛仔裤 _UNIQLO
包 _A.P.C.
鞋 _EVOL

个人资料

36岁/装饰公司销售人员/喜欢皮面沙发

黑色开司米针织衫，无论休息还是上班时都可以穿，非常漂亮。在穿开司米针织衫时，可以选择尺码稍大的，这样看起来可爱、休闲。比平时穿的大两码就可以，例如，我平时穿Ｓ码的，可以选Ｌ码的。正因为尺码大，穿在身上感觉就像是一件完全不同的衣服，会给人成熟、稳重、休闲、充满活力的感觉。

　　开司米面料质地柔软、轻薄，**所以即便是毛衣，也可以把下摆掖到裤子或裙子里面**。这是开司米面料所独有的特点，要是其他面料的毛衣，就太厚了，很难把下摆掖到裤子或裙子里面。像我身上穿的这款深裆高腰牛仔裤，本来只要把上衣下摆掖进牛仔裤就能看起来很漂亮，但在冬天搭配时就很麻烦，可供选择的上衣面料也不多，所以开司米针织衫是极其方便的。顺便说一下，你在选择开司米针织衫的时候，可以选择自己平时穿的尺寸，这样看起来比较高雅。

　　你可以用小物为整体搭配增添一点儿棕色，这样看起来就会显得温暖。海军蓝与棕色组合在一起，看起来比较时尚，所以如果选海军蓝的牛仔裤，可以搭配一款棕色挎包，会很时尚。

要点
小提示

☑ 穿工装牛仔裤的时候，可以搭配一款棕色的手拎包，看起来比较时尚。

☑ 即便是毛衣，如果是开司米面料的，下摆也可以掖到裤子里。

做广播体操的时候，不会引起强烈的关注哦。

上衣掖到裤子里，严严实实的。

96.

牛仔裤配漆皮包，美丽、优雅

毛衣 _UNIQLO
牛仔裤 _Spick&Span
包 _ZARA
鞋 _Più comode

个人资料

39岁/妇产科医生/摩托车
爱好者

漆皮包看起来华丽、高级。在我的印象中,海外丽人在穿便服时,总是会携带一款香奈儿的漆皮包。

确实是,漆皮包是一款超级精致的单品,很适合与T恤衫、牛仔裤这些休闲服饰搭配在一起。漆皮包配上牛仔裤,会展现女性美丽、优雅的气质。今天我身上穿的是一款灰色脱色牛仔裤,看起来洒脱,又有知性美。黑色渐变色牛仔裤同样也很酷。

另外,裸靴可以与所有的牛仔裤搭配在一起,非常方便。所谓的"裸靴",就是比短靴更短的靴子,穿在脚上会让你的脚踝看起来更细,体型也更好。**说到底,还是把脚踝露出来,看起来更时尚。**我穿的这款裸靴,鞋面是半镂空的,普通的裸靴效果也是一样的。

但是,这样搭配在冬天会很冷,这时你可以穿袜子或者保暖裤。因为该瘦的部位已经凸显出来了,所以可以放心地穿,没问题。顺便说一下,如果靴子是粗跟的,看起来会很酷,也很帅气。

我在开司米针织衫里面搭配了一件吊带衫。在冬天室内开空调的环境,有时会很热,因为开司米针织衫不能经常清洗,所以搭配一件吊带衫就会很方便。

要点
小提示

☑ 露出脚踝,显得时尚。

☑ 在冬天,内衣也可以选择吊带衫。

在这种搭配中,灰色牛仔裤看起来比较时尚。

97.

开司米针织衫搭配米色裤子，干练、温柔

针织衫 _UNIQLO
裤子 _DRESSTERIOR
包 _marjour
鞋 _ BEAUTY & YOUTH
　　　UNITED ARROWS

个人资料

40岁/部门经理/被下属仰慕

米色适合与黑色开司米针织衫搭配。米色是一种视觉柔和的颜色，搭配黑色，可以呈现温柔与干练的感觉。开司米针织衫搭配米色裤子，温柔与帅气并存，这样的人是不是很漂亮？

这款阔腿裤的面料是羊毛的。因为不凸显身体线条，所以里面无论搭配什么样的保暖裤，看起来都显瘦。而且阔腿裤不容易起皱，真是冬天必备单品，也适合工作的时候穿。

在选阔腿裤时，就选一些样式简洁、没有装饰、长度稍长的吧。说是稍长，大概就是能完全遮住脚踝部分的长度。

在穿阔腿裤时，可以把上衣下摆掖到里面，也可以不掖进去，无论怎样，看起来都很漂亮。如果把上衣下摆掖到裤子里面，整体比较协调，看起来会很时尚；如果不掖进去，会显得轻松、可爱，不过此时需要把身体两处比较纤细的部分露出来。

穿开司米针织衫的时候，如果选择 V 领的，会露出颈部，再加上脚也露在外面，如果你觉得冷，可以穿保暖裤来保暖，这都是没问题的。

要点
小提示

☑ 穿羊毛阔腿裤时，里面穿再多也不会显得臃肿。

☑ 上衣下摆不掖到裤子里面也很时尚。

哎呀，你的耳朵不在那里呀。

我也想戴耳坠哦。

98.

蓬松裙华丽、高雅

针织衫 _UNIQLO
裙子 _CELFORD
包 _HAYNI.
鞋 _outletshoes

个人资料

33岁/经商/特别爱吃甜食

有体量感、蓬松的裙子是非常漂亮的。穿在身上，就像以前的女明星，可爱、华丽、高雅。开司米针织衫与这种裙子是超级易搭的，**这样搭配会使整个人看起来高雅、有涵养**。要是将上衣下摆掖进裙子里，腰部会显得更加纤细，更有女人味，体型也更加曼妙。

穿有花纹的裙子时需要注意，不要搭配得看起来幼稚，或者看起来老套。要想穿得高雅、时尚，就要搭配黑色开司米针织衫。我还有一个建议，就是整体要单色搭配，这样看起来极其潇洒。我特别喜欢这条裙子，花纹虽大，但因为是黑色的，看起来成熟、时尚。黑色花纹可以大幅增强存在感，看起来真是不可思议啊。**如果是黑色花纹的，无论是什么裙子还是什么别的，都极易搭配，非常方便，所以看见这样的服装，就一定要买下来呀。**

这款长筒皮靴也是一个搭配重点，所有的裙子都可以搭配长筒皮靴。这款长靴是皮质的，看起来很修身对吧？所以，可以利用这一点，和所有的裙子进行混搭，呈现一种"甜辣"的风格。靴子在针织裙里面若隐若现，是很可爱的。当然，对于要长时间走路的人来说，也可以选择低跟的靴子。

要点
小提示

☑ 把上衣下摆掖进蓬松裙里面，就像以前的女明星。

☑ 长筒皮靴可以搭配所有的裙子。

打扮得漂漂亮亮的，一个人独坐在咖啡店里喝咖啡，超级享受。

99.

V领开司米针织衫搭配白色衬衫，凸显知性美

毛衣 _UNIQLO
衬衫 _UNIQLO
裙子 _haptic
包 _MAISON KITSUNÉ
鞋 _CONVERSE

个人资料

40岁/个人形象设计师/喜欢探访咖啡厅

如果叠穿开司米针织衫，感觉完全不一样，白衬衫特别适合与其搭配。在冬天，点缀的白色越多越时尚。开司米针织衫本来看起来就比较高雅，如果在领口处露出白衬衫的领子，会显得高雅、清新，非常漂亮。

在叠穿的时候，要想看起来不土气，是有秘诀的。**这个秘诀就是把衬衫从袖口和下摆处露出来。**通过这些小细节，可以让你的整体搭配看起来比较合身，让人觉得你天生丽质，所以不要忘记这一点哦。

当袖子挽起后，有些时候会因毛衣袖子脱落而感到厌烦。尤其是在洗盘子或者别的东西时，确实会感到很麻烦。出现这种情况时，你可以用头绳或者橡皮筋把袖子固定住。但是不要忘记，要在毛衣松弛的部位把橡皮筋隐藏起来。工作的时候也可以这样做，很方便。

我的随身物品比较多，而且经常外出，所以离不开运动鞋和帆布包。**对于我这样的人来说，选单色搭配肯定错不了。**黑白搭配，凸显成熟感，是休闲搭配的好方法。黑色帆布鞋穿起来效果最好，我已经穿坏好几双了。黑白组合搭配帆布包，可以说是绝配。质地柔软的帆布可以为这种简约、时尚的搭配增添一丝女人味。

要点
小提示

☑ 把衬衫从毛衣袖口和下摆处露出来，有一种天生丽质的感觉。

☑ 离不开休闲包、休闲鞋的人，单色搭配肯定错不了。

穿了大码衣服，袖子会掉下来哦。

如果毛衣的尺码大，建议用头绳或者橡皮筋固定住毛衣袖口。

可以隐藏在宽松的位置。

黑色头绳全部10元

100.

开司米针织衫搭配牛仔裤，外出的完美搭配

针织衫_UNIQLO
牛仔裤_UNIQLO
鞋_Reebok

个人资料

37岁/瑜伽教练/三岁孩子的妈妈

因为实在是太忙了，甚至都没有精力去打扮，所以我每天的装束基本是一样的，**就是开司米针织衫搭配牛仔裤，时尚、行动方便，早上瞬间就搞定了。**开司米是一种有高级感的面料，可以搭配牛仔裤来穿。这种搭配看起来很时尚，乘公共交通外出时，不会有任何顾虑。

经常运动或者需要经常弯腰的人，可以选择男款开司米针织衫。与女款相比，男款V领开口小，即便来回跑动或者弯腰，也不用担心胸部走光。选男款时，可以选择比平时穿的女款尺码小一码的。这样喂奶时比较方便，举手也不会露出腰，搭配紧身牛仔裤，很显身材。

高性能懒人运动鞋，虽然有一种冲击感，但穿起来、动起来都很方便，不会让人觉得你是偷懒才穿的。在选运动鞋的时候，可以选有黑白两种颜色的，还有鞋底要选白色的。如果刚开始就注意到这一点，无论是什么样的搭配都能轻松驾驭。高性能运动鞋的特征就是体积大，如果鞋底是白色的，脚底看起来就不会笨重，非常轻便。

要点
小提示

☑ 男款V领开司米针织衫领口小，穿着方便。

☑ 高性能懒人运动鞋穿着方便、好看。

摸起来很舒服哦。

101.

阔腿裤裸露脚踝，让你在秋冬季节更加时尚

毛衣 _UNIQLO
针织衫 _UNIQLO
裤子 _UNTITLED
包 _HAYNI.
鞋 _Repetto

个人资料

35岁/在不动产公司工作/会画房间布局图

我强烈推荐裸露脚踝的短羊绒阔腿裤，作为九分裤，十分好穿。

露出细细的脚踝，整个人看起来都会显得苗条。秋冬季节搭配这种裤子，感觉非常可爱。厚重的衣服无论怎么看都显得俗气，这一点在冬季是很让人头疼的，而这时只要露出脚踝，就可以完美解决。

还有，如果多一点儿黑色，整体搭配就会显得时尚。有一段时间，黑色被说成是"恐怖之色"，被人们躲避。如今黑色已经成为时尚的流行色了，穿在身上显得非常时尚。黑色已经从一种平淡无奇的颜色变身为象征时尚的颜色了。

所以，当你某天不知道该穿什么衣服的时候，多搭配一点儿黑色，一定会很时尚。不同黑色面料之间也比较容易搭配，像开司米、羊绒、安格拉绒、纯棉等都是不错的选择。

另外，在穿开司米针织衫时，如果里面搭配一件白色高领针织衫，可以让你变身为一位有英式风格的知识女性。因为面部周围比较吸睛，如果这样搭配，不仅时尚，而且白色贴近面部，这样就显得比较有光彩。

要点
小提示

每天早晨，都是黑色搭配，不会因心情而改变。

我的早餐只吃纳豆。

早饭，我是看当天的心情来选择的。

嗯？

☑ 在搭配时，果然还是黑色多一点儿看起来时尚。

☑ 搭配白色高领针织衫，凸显英伦风。

102.

尺寸合身，让人感觉整洁、有信赖感

外套 _UNIQLO
针织衫 _UNIQLO
衬衫 _UNIQLO
裤子 _UNIQLO
包 _KOKUYO
鞋 _SPINGLE MOVE

个人资料

36岁/在建筑事务所工作/梦想着为父母盖一座房子

在和重要客户会面时，穿着干净、整洁，会让客户对你产生一种信赖感，这是很重要的。要想达到这种效果，你的衣服就必须合身。**款式也好，色彩也好，所有一切都不如尺寸合身更能体现出你的端庄。**

所谓"合身"，并不是衣服紧紧贴在身上的那种状态，当然也没必要特意定制一套，只要是平时穿的尺寸就可以了。你在买衣服的时候，要注意一下衬衫或者针织衫的肩部，要选肩部正中间有平直拼接线的，不要选落肩式的，看上去不规整。在选裤子时，要选有中线的，看上去整洁。对于版型，可以随意选择，直筒的、锥形的都没问题。不过有一点要注意，在选择上衣、裤子的时候，要选择面料有光泽感的，这样看起来才会比较整洁，开司米针织衫正符合这一点。在搭配时，如果你选的裤子没有光泽、针织衫鼓鼓的，会让人感觉非常粗糙，这是搭配的禁忌。

如果购买工作时穿的衣服，你可以选优衣库的。品质好，符合亚洲人的体型。对于衬衫，我向大家推荐优衣库的 Extra Fine Cotton 衬衫，有较好的光色感。对于裤子，我向大家推荐有中线的九分裤。

要点
小提示

☑ 推荐大家买优衣库的工作装。

☑ 工作服要选有光泽度的、面料薄的。

啊？外套、衬衫、裤子、针织衫，都是优衣库的呀！

据说很贵吧？

全身都是实惠装，我是优衣库的粉丝。

103.

皮夹克搭配开司米针织衫，让女性的穿着具有高级感

夹克 _and Me...
针织衫 _UNIQLO
裙子 _Jenny and Flat
包 _ZARA
鞋 _ZARA

个人资料

42岁/餐厅经理/听觉不好，
却拥有绝对好的味觉

大家不妨试一下开司米针织衫搭配皮夹克，这种搭配可以让你成为具有高级感的美女。帅气的皮夹克和上等质感的开司米针织衫，绝对能把你塑造成一位美女。

你值得拥有一件骑士夹克。在穿裙子的时候，搭配一件这样的夹克，无比时尚。骑士夹克每年都很流行，已经成为经典单品了。我身上穿的这件无领夹克，不会让人觉得很严肃，穿起来特别方便。当然，经典款式的也特别可爱。事实上，我有两件这样的夹克，现在合成皮革的品质也越来越高级了，不用花太多钱就可以买到一件不错的。

穿皮夹克的时候，搭配超级可爱的短裙是绝对没问题的。如果全身都是甜美系服装，会让人觉得土气，这时如果你搭配一件帅气的皮革单品，一切问题都会迎刃而解。**皮革搭配蕾丝，也是一种非常时尚的组合。**

例如，皮裙搭配黑色开司米针织衫，看起来就非常漂亮，搭配皮革绝对是正确的选择。

我今天穿的服装是棕色搭配黑色，也就是温柔与帅气的搭配。棕色裙子或裤子，搭配起来非常方便。

要点
小提示

☑ 骑士夹克搭配开司米针织衫，可以营造一种高级感。

☑ 蕾丝配皮革，穿起来很漂亮。

跟日式糯米团子一样哦。

还有日式五平饼，也是一样的哦。

小O慢慢咀嚼

骑士夹克属于个性单品，可以与蕾丝裙混搭，凸显『甜辣』风格。

104.

宽松的针织衫，凸显可爱

针织衫_UNIQLO
裙子_Myu
包_SESTO
鞋_SESTO

个人资料

39岁/在画廊工作/非常受顾客欢迎

宽松的上衣，主要凸显的不是漂亮，而是可爱。例如，我今天的搭配，完全可以选择一件合身的上衣，但我特意选择了一件宽松的上衣，这样看起来显得休闲，有一种幼儿般的可爱。**在冬天，你可以搭配宽松的针织衫，尽情享受可爱之乐。**

选择宽松的上衣还有另一个优点，就是可以搭配双肩包、手提包这些休闲小物。尺寸完全合身的针织衫搭配裙子，太漂亮了，但不适合搭配休闲小物，只有宽松的针织衫，才适合搭配所有类型的小物。

宽松的针织衫，不一定非要选开司米针织衫，其他的也行。配大网眼针织衫，看起来会更可爱。不过，宽松的开司米针织衫，既保持了原有的端庄、典雅，又增添了可爱感，可以说，针织衫的便利性是首屈一指的。

在冬天，冷色系的裙子是最可爱的，我身上的这款淡紫色的裙子，感觉柔和、沉稳，无论谁看了都会留下好印象，特别适合在人多的场合穿。

**要点
小提示**

☑ 宽松的开司米针织衫属于百搭款。

☑ 浅紫色裙子，无论是谁看了，都会对你留下好印象。

优衣库的开司米针织衫，即使大几码，价格也不变。

真划算啊。

105.

穿上无袖连衣裙，感觉像是精品店的工作人员

针织衫 _UNIQLO
连衣裙 _and Me...
包 _MARCO MASI
鞋 _ BEAUTY & YOUTH
　　　UNITED ARROWS

个人资料

42岁/在超市做兼职/经常受到顾客表扬

无袖连衣裙彰显干练、时尚，穿上它，让人感觉你像是在奢侈品精品店工作的员工一样。这种裙子，在买的时候稍加注意就可以，只要保证款式漂亮，只管穿在身上就可以了。

首先，款式要选择笔直的，不要选舒展型的，选铅笔裙那种样式的，也就是我身上穿的这种样式，看起来不会显得幼稚。关于颜色，要选黑色、棕色、卡其色、海军蓝、米色这些基础款的颜色。**最后一点，要选胸口呈V字形的。**V字形的直线条看起来帅气，也显得成熟。关于长度，到膝盖以下10cm左右就可以了。

当你有了这种无袖连衣裙之后，剩下的就是选内搭服装了。冬天选V领的内搭服装比较好，颜色还是要选基础款的。如果同为基础款颜色，什么颜色都能搭。尤其是黑色开司米针织衫，感觉特别雅致。

除了黑色打底裤，其他颜色的都会使时尚感倍增。如果是黑色的，让人感觉脚底沉重。如果是黑灰色或者墨色的，不仅能和鞋子搭配，还能营造一种轻松的氛围，极为推荐。

要点
小提示

☑ 要选笔直的无袖连衣裙。

☑ 打底裤要选黑灰色或者灰色的。

要是把打底裤换成黑灰色的，就会变成漂亮的小姐姐哦。

106.

连衣裙外面搭配针织衫，呈现半身裙风格

针织衫 _UNIQLO
连衣裙 _VANNIE U
包 _BICASH
鞋 _Repetto

个人资料

24岁/在咖啡店工作/擅长制作甜果馅饼

在连衣裙外面搭配一件针织衫，会呈现一种半身裙的风格。连衣裙的搭配风格容易千篇一律，如果添加一件衣物，会感觉很新鲜，大家一定要试试。

上衣要选 V 领针织衫，如果是连衣裙，什么款式都行。无论是有领子的衬衫裙，还是高领的连衣裙，都能在脖领处露出来，看起来特别可爱。像我现在的这种搭配，可以在脖领处系一条丝带，或者佩戴一些装饰品。**在连衣裙外面搭配一件黑色开司米针织衫，可以直接提升高雅感。**

如果你选的是黑色开司米针织衫，连衣裙的颜色可以随便选。如果你想穿别的颜色的针织衫，可以从连衣裙的图案颜色中选择相同的颜色。如果你特别讲究，那就选择连衣裙的图案颜色中最深或者颜色最明亮的作为毛衣的颜色吧，看起来超级漂亮，这可是专业人士才会的方法哦。

圆点连衣裙实在是太可爱了，你在选的时候，可以选圆点小的，也可以选像我身上穿的这种黑底的。如果是黑色的，可以随意选择你喜欢的图案，例如碎花图案、佩斯利涡旋纹图案等。

黑底服饰显得可爱、帅气，是一种很特别的单品。

要点 小提示

☑ 黑底连衣裙，什么图案的都可以。

☑ 如果穿黑色开司米针织衫，可以搭配任意款式的连衣裙。

真是没想到啊。

哇！能穿在连衣裙的外面哦！

嘿！嘿！

107.

紧身裙要选格纹的

针织衫 _UNIQLO
裙子 _UNTITLED
包 _ZARA
鞋 _SESTO

个人资料

37岁/音乐教师/喜欢巴赫

紧身裙搭配黑色开司米针织衫，适合外出，这一点毋庸置疑。无论是开司米针织衫还是紧身裙，都能凸显女性的高雅感，叠加在一起，更能呈现加倍的效果。

但是，可能有些人会担心，如果这样搭配会不会感觉过于保守、复古呢？的确，如果你的搭配呈现正装风格，无疑是失败的。

告诉你一个诀窍，在选紧身裙的时候，要选有格纹或者条纹的。**如果加入图案会显得休闲，不会感觉很正式**。像我今天的这身搭配，要是能加一点儿红色或黄色就更好了。亮色会把整个人衬托得更加华丽，有气质。正是因为紧身裙的正装感很强烈，反而会降低休闲感，所以要买格纹紧身裙哦。你在试穿的时候，如果腹部出现褶皱，就要选大一码的。有褶皱就会显胖，肚子隆起很明显。

另外，在买裙子时，如果发现在腰背部有松紧带设计的裙子，一定要买。因为松紧带可以调整大小，腹部和裙子之间就不会有空隙，会让你的身型看起来非常漂亮。只要遵循这个原则来搭配就没有问题了，穿上后尽情享受作为漂亮女人带来的乐趣吧！

要点
小提示

☑ 试穿紧身裙的时候，如果腹部出现了褶皱，就要选大一码的。

☑ 如果裙子在腰背部有松紧带，会很显身型。

108.

把运动衫换成开司米针织衫，会显得很干练

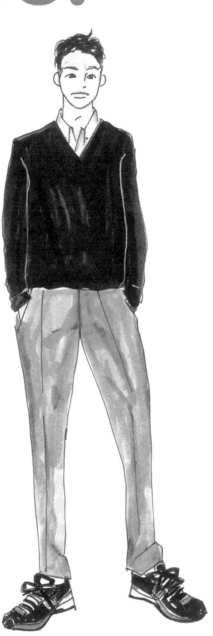

针织衫 _UNIQLO
衬衫 _UNIQLO
裤子 _UNITED ARROWS
鞋 _New Balance

个人资料

31岁/开发部工作人员/假装是橄榄球运动员，实际是登山运动员

到目前为止，我冬天穿得最多的就是运动衫，感觉腻了。已经长大了，再这样穿会显得很幼稚。于是我把原来的运动衫换成开司米针织衫，马上就变成了时尚的成年人。开司米针织衫不仅有光泽，而且薄厚适中，穿在身上，跟以前的风格完全不一样了，很享受。

厚针织衫无论怎么看都很休闲，但不怎么帅气。在这一点上，开司米针织衫看上去就很好，可以使所有的一切都显得很帅气，所以下半身搭配牛仔裤什么的都可以。如果你想看上去成熟、潇洒，我推荐你在冬天搭配锥形阔腿裤。穿这种裤子，大腿部分比较宽松，膝盖以下比较修身，很显身型，里面穿保暖裤也不会有影响。对于那些爱运动、大腿粗的人来说，我也极力推荐这种款式。**比单纯的阔腿裤更显瘦，看起来很帅。**如果女性也想穿潇洒、偏男性的服装，也可以这样搭配，我觉得很可爱哦。

在选择内搭服装的时候，我选的是衬衫，看起来更干练。当然也可以选牛仔衬衫，这样看起来比较粗犷，如果是偏厚的灯芯绒衬衫，会让人有一种暖洋洋的感觉。

要点
小提示

☑ 开司米针织衫可以使一切都变得非常帅气。

☑ 锥形阔腿裤让你的身型看起来更好。

无论是什么样的男人，只要穿上黑色开司米针织衫，都会很有型。

109.

羽绒马甲能让整体搭配看起来更有范儿

羽绒马甲 _UNIQLO
针织衫 _UNIQLO
裙子 _Mila Owen
包 _CIAOPANIC TYPY
鞋 _UGG

个人资料

34岁/ 私营业主/ 每天都开
车接送孩子

羽绒马甲是最受大家质疑的服装，有人说："羽绒马甲穿的时间很短，有必要买吗？"但是，羽绒马甲的无袖设计，可以让整个上半身包括面部，看起来都显小，可以展现你完美的身材。穿在身上会使你的整体搭配别具一格。而且，穿的人也少，这样看起来更个性。**虽然偏都市化，但感觉轻松、休闲，这就是羽绒马甲的独特魅力。**

关于颜色，只要不是特别奇怪的颜色都没问题。我推荐大家选黑色、海军蓝、棕色、米色、卡其色之类的颜色。

羽绒马甲越有体量感越好，要是连衣帽挺立、厚实，又有高度，那是最好的。如果羽绒马甲单薄又瘪瘪的，看起来会很寒酸。如果你想穿得帅气，体量感是关键。

因为羽绒马甲属于休闲单品，所以它和高雅的黑色开司米针织衫是绝配。另外，羽绒马甲也适合搭配连衣裙。如果是半身裙，整体看起来会非常可爱。初秋时，推荐搭配雪纺裙，当天气变冷时，推荐搭配牛仔裙、针织裙或者内衬是长绒的运动裙。

要点
小提示

☑ 羽绒马甲可以穿出都市感、休闲感。

☑ 羽绒马甲搭配半身裙，显得很可爱。

110.

冷暖色调混搭，看起来特别亮丽

针织衫 _UNIQLO
围巾 _macocca
裤子 _NOLLEY'S sophi
包 _La foresta d'Italia
鞋 _adidas

个人资料

38岁/ 注册会计师/自己家
庭的收支管理很粗糙

在冬天，如果你想搭配得特别亮丽，就多考虑一下颜色吧！有一个秘诀可以让你通过色彩搭配变得亮丽，这就是冷暖色调混搭。虽然相同色调的搭配会显得风格统一，但有时会变得单调、乏味。**所以，在搭配时，可以冷暖色调混搭，形成一种反差效果，看起来会很亮丽。**冷色调会给人一种知性、沉稳的印象，而暖色调给人一种明亮、温暖的印象。这两种色调的颜色的服装我都有，这样搭配看起来还会显得很年轻哦。

今天我搭配的是棕色和淡蓝色，因为棕色不是特别花哨的颜色，所以这种搭配方式很容易把握。其方法就是把一种颜色的面积扩大，把另一种颜色的面积缩小。除了冷色调和暖色调的颜色，其他颜色只用白、黑、灰等黑白色系的来搭配。另外，海军蓝搭配米色或红色也非常好看。

在这里，黑色开司米针织衫也同样发挥着重要的作用，**如果你穿的衣服颜色比较花哨，要记得搭配一件开司米针织衫哦。**颜色分明的服装，让人感觉有点儿幼稚，这时可以通过搭配开司米针织衫来改善，会让你变得成熟、稳重。还有一点，你可以搭配一款银白色的包，银色虽然看起来比较难搭，但你可以把它当成白色或灰色来试着搭配，其实是非常简单的。

要点
小提示

☑ 如果衣服颜色比较花哨，可以搭配黑色开司米针织衫。

☑ 银色小物可以代替白色或灰色小物来使用。

在本书前面介绍过不容易散开的系法哦。

轻盈地垂下来

马上就散开了。

111.

試着把羽绒服后背往下拽

羽绒服 _MACPHEE
针织衫 _UNIQLO
裙子 _WESTEBY
包 _Kate spade NEW YORK
鞋 _select MOCA

个人资料

36岁/市场部工作人员/善于
分析一切

模特啦，时尚博主啦，这些时尚达人肯定注意到了羽绒服是可以把后背往下拉一下来穿的，这种方式在日语中被叫作"拔襟"。**羽绒服肩部下垂，领子呈 V 字形，看起来很苗条**。羽绒服是公认的很难打造出时尚感的衣服，如果按照上面的方法来穿，无疑很时尚，而且瞬间就可以做到。

我今天穿的是一款蕾丝裙，像这种面料纤细的服装，适合搭配开司米针织衫。如果选针织衫，要选高针、面料光滑的。所谓"高针"，就是编织密集的。如果是粗编休闲针织衫，体现不出面料的纤细感。

这两款都是比较有个性的单品，各有各的突出重点，也许正是因为这一点，选择开司米针织衫会把一切搭配得很高雅。

说到蕾丝裙，像我身上穿的这种圆点蕾丝裙就非常时尚。圆点蕾丝裙，比碎花蕾丝裙看起来更成熟，也更有魅力。

选羽绒服时，最好选择没有 Logo 和连衣帽的。低调、简洁的服饰会营造一种温柔感。关于颜色，如果你有浅灰色、象牙色、白色这些浅色系的，那就太幸运了。冬季的白色是弥足珍贵的，如果羽绒服上有这种颜色，一切都会显得很时尚。

要点
小提示

☑ 圆点蕾丝裙很有时尚感。

☑ 蕾丝裙搭配黑色开司米针织衫，会显得很高雅。

那里明明没有人，却感觉好像有人在拽我的裙子。

裙子的蕾丝挂到钉子上了。

好可怕啊！后来怎么样了？

好恐怖哦

112.

有体量感的外套搭配小包、帆布鞋，特别时尚

外套 _SLOBE IÉNA
针织衫 _UNIQLO
裙子 _meri
包 _ BEAUTY & YOUTH UNITED ARROWS
鞋 _CONVERSE

个人资料

30多岁/花店老板/跟来店的常客结婚了/后来才弄明白，是因为想见到自己，他才经常来花店的

有一个秘诀可以让你在冬天看起来很时尚，就是如何让有体量感的外套或厚衣服看起来整洁，仅此而已。

在这里，给大家介绍一个搭配小物的技巧，**在平时穿的衣服上搭配小包，再穿上帆布鞋**。这样搭配之后，就能和衣服达到平衡，看起来整洁。如果是短带小包，重心就会提高，很显身材。像我这样，包大约垂到腹部是最好的。

鞋子要选低帮的，我推荐帆布鞋，因为这种鞋的版型比较正。关于颜色，如果可以，要选接近裸色的米色，看起来脚底轻盈。在冬天，穿低帮运动鞋会有点冷，可以垫一些长绒或羊皮的鞋垫，这种鞋垫在鞋店或者网店都能买到。这样，脚底就会很暖和了。除此之外，也可以通过暖足贴、五指袜、长绒打底裤来保暖。总之，在一些隐蔽的地方做好保暖工作很重要。

另外，我身上穿的这款钩针编织长裙，是一款非常性感的单品。其具有透视感，穿在身上会显得极其性感。因为裙子是很有女人味的，所以上衣你可以选择黑色开司米针织衫来增添一点儿帅气，这样整个搭配就显得成熟了。

要点
小提示

☑ 穿钩针编织长裙会显得很性感。

☑ 冬天穿运动鞋时，里面可以垫上长绒鞋垫。

我在鞋里垫了软乎乎的长绒鞋垫。

怕冷的喵喵雷板其在意保暖。

冬天穿帆布鞋不冷吗？

113.

粗花呢大衣，让你看起来很有涵养

外套 _Theory
针织衫 _UNIQLO
牛仔裤 _YANUK
包 _chuclla
鞋 _chuclla

个人资料

36岁/公共关系专员/喜欢玩刺激的娱乐项目

在欧洲，很早就把粗花呢面料作为一种高档面料用于西服制作了。在制作这种面料时，可以使用多种颜色的丝线，看起来华丽、高雅。

所以，如果把用这种面料制成的衣服穿在身上，会显得很有涵养。无领款式的比较有女人味，而像我身上穿的这种有领子的，则显得比较帅气。作为外套，其覆盖面积不大，很吸引人。**当你的外套比较有高级感时，里面即便搭配一些休闲类的服装，看起来也很成熟。**

我身上穿的这款大衣，内搭可以随意选择。如果你有更高的追求，里面可以搭配开司米针织衫，粗花呢的高级感和开司米的上等质感相得益彰。开司米针织衫也可以搭配牛仔裤，这种组合虽简洁，但看起来很时尚。将上等材质的开司米针织衫与牛仔裤搭配在一起，让人觉得你不是在刻意地精心打扮，只是把衣柜中的衣服稍微搭配了一下而已，呈现一种低调的时尚感。当你不知道该如何穿衣搭配的时候，不妨试试这种组合。

原色开司米针织衫也是非常时尚的。色泽鲜亮的毛衣，如果面料不高档，看起来会很廉价。开司米既有光泽，颜色又漂亮，即便是很艳丽的颜色，看起来也会显得高雅、上档次。

要点
小提示

☑ 当你不知道该如何搭配时，可以选择开司米针织衫搭配牛仔裤，很时尚。

☑ 无论是什么颜色的开司米面料，都会营造一种高级感。

114.

黑色搭配中加入淡粉色，
潇洒、时尚

外套 _ZARA
针织衫 _UNIQLO
裙子 _SLOBE IÉNA
包 _ZARA
鞋 _chuclla

个人资料

40岁/书店员工/一年读300本书

黑色搭配中加入淡粉色，就像瞬间绽放的花朵，非常漂亮。这样搭配，最能体现粉色的华丽与可爱。很多人都喜欢粉色，**所以我觉得粉色有一种魅力，可以从一开始就抓住人的内心。**如果你不能把粉色的这种魅力发挥出来，实在是太可惜了。

说起粉色，可能有些人会觉得这种颜色看起来幼稚、俗气，年龄越大越不能穿，但是如果按照上面的方法来穿，是非常时尚、漂亮的搭配。

在这里，黑色开司米针织衫依然起着重要的作用。超尘脱俗的可爱与温柔，可以把粉色衬托得更加漂亮。而且开司米面料薄、柔软，可以把针织衫的下摆掖进裤子里。如果穿裙子，很显女人味，整体搭配更显成熟。

我身上穿的这款裙子是桃皮绒的。所谓"桃皮绒"，就是面料表面有一层薄绒，与皮革面料相比，感觉更柔软。这种面料既有皮革的高级感，又显得柔和，值得推荐，大家一定要记住哦。今天我身上穿的这款亮色薄皮裙，可以从秋天一直穿到春天。

要点
小提示

☑ 桃皮绒是一种既有高级感，又让人感觉柔和的面料。

☑ 粉色衣物搭配黑色开司米针织衫，可以营造一种高雅感。

找到一款穿一辈子都不过时的大衣是很难的哟。

长外套看起来好时尚哦。

115.

无论是什么颜色，只要改变一下深浅度，就会适合你

外套 _TOMORROWLAND
针织衫 _UNIQLO
裤子 _ BEAUTY & YOUTH UNITED
　　　　ARROWS
包 _CELINE
鞋 _FABIO RUSCONI

个人资料

70多岁／进口行业专家／喜
欢到处泡温泉

想穿什么颜色就穿什么颜色吧，原色、中间色，什么颜色都可以。穿上自己喜欢颜色的衣服，心情会很好。在这个世界上只存在两种颜色，一种是"无须任何修饰就适合你的颜色"，另一种是"修饰后变得适合你的颜色"，所以根本就不存在不适合你的颜色，只不过需要你了解颜色搭配的技巧罢了。如果你搭配的颜色需要修饰后才能适合你，有两点需要你注意。

第一点就是要选择看上去高级的面料。具体来说，就是亚麻纤维、开司米、纯羊毛、皮革之类的面料，不是T恤衫、运动衫使用的纯棉面料。如果面料好，什么颜色都可以。

第二点就是在搭配时，除了自己喜欢的颜色，其他的用白色、黑色、灰色、海军蓝、卡其色这些基础款颜色来整合。基础款颜色适合与所有的颜色搭配，无论哪种颜色，都可以让你引人注目，效果惊人。

顺便说一下，在工作的时候，携带一款方形硬皮包，可以凸显职场女性的干练气质。私人场合也可以携带，很帅气，而且不受年龄左右。只要包的饰品、款式不过于夸张，就不会显得过时，可以一直用。如果你的穿衣风格已经确定下来，可以去奢侈品店购买。

要点
小提示

☑ 除了自己喜欢的颜色，其他的选基础款颜色即可。

☑ 方形简约皮包，不受流行趋势左右，可以一直用。

无论是动物毛皮花纹，还是暗淡的颜色，我都讨厌。

只要衣服颜色亮丽，穿起来一定显年轻。

对，不需要那种风格。

还是你时尚啊。

116.

条绒裤让人看起来很知性

羽绒服 _Snow Peak
针织衫 _UNIQLO
低领线衣 _UNIQLO
裤子 _EDWIN
包 _BACH
鞋 _Reebok

个人资料

35岁／工程师／陪产假中

条绒裤是真的暖和啊，表面有纵向的垄状纹路，富有光泽，比牛仔裤更暖和，也更富知性美。表面的垄状纹路越窄，越显得成熟、干练。跟有中线的裤子一样，看起来非常时尚。

条绒裤与开司米针织衫搭配在一起，会营造一种高级感。无论是开司米针织衫还是条绒裤，都是面料优良、有成熟感的单品，把这两种单品搭配在一起，会显得非常时尚。那些经常穿运动衫和牛仔裤的人，可以尝试这两种单品。**方法极其简单，不需要任何技巧，只要穿在身上，就会展现不同的风格。**

我身上穿的裤子是蓝色的，其他颜色的也可以，黑色帅气，棕色柔和，卡其色显酷，可以尝试自己喜欢的颜色。

亚光羽绒服也是一款非常不错的单品。因为表面是亚光的，所以看起来不会有休闲感，可以穿在西服外面。如果脖领、连衣帽有体量感，会营造一种高级感。另外，我还推荐高性能运动鞋，可以让你的腿看起来更修长。

要点
小提示

☑ 开司米与条绒搭配在一起，会营造一种高级感。

☑ 亚光面料的羽绒服，可以穿在西服的外面。

双肩包的背带很漂亮吧？

你看它的形状！哪是背带啊！

117.

纯黑搭配时，外搭一件长外套，体型超群

外套 _TOMORROWLAND
披肩 _Johnstons
针织衫 _UNIQLO
牛仔裤 _UNIQLO
包 _COS
鞋 _minky me！

个人资料

38岁/牙医助手/喜欢到海外旅行

上下身全黑搭配，整洁、显瘦。如果外搭的长外套敞开穿，内搭衣物就会更修身，身材看起来更苗条，让你出类拔萃。这里需要注意的是，外套不要选黑色的，因为全黑的看起来像是一个"大黑块"，所以你可以选除黑色外的任何一种颜色。

但有一个问题，外套是随时有可能脱下来的。脱了之后，就会一身黑了，有人会担心看起来像"扭扭捏捏君"（日本娱乐节目中的人物）。

不用担心，你在选上衣的时候，选 V 领的就好，可以露出脖子附近的肌肤，这个问题就可以解决了。此外，可以把上半身和下半身服装的面料调换一下，也能避免这个问题。

选下半身服装的时候，我推荐锥形裤。黑色是有存在感的颜色，与修身单品搭配在一起，整体不会显得沉闷。

因为上衣比较简洁，所以可以选颜色花哨的披肩来搭配，看起来很华丽。**尤其是红色格子披肩，华丽、可爱，你值得拥有。**在搭配时，垂在胸前，显得帅气。 打底裤可以选有金银丝的，因为丝线看起来不起眼，这样可以在不经意间呈现可爱感。

🐾
要点
小提示

☑ 纯黑搭配时，选 V 领的衣服，你不会成为『扭扭捏捏君』。

☑ 红色格子披肩，值得拥有。

脱了外套，披肩可以搭在肩上哦。

披肩比围巾更实用哦。

118.

穿颜色素雅的复古风服装，看起来很干练

外套 _Jocomomola
针织衫 _UNIQLO
裙子 _Jocomomola
包 _Kanmi.
鞋 _SESTO

个人资料

45岁/在高端超市工作/喜欢看国外推理小说

复古图案不会受时代变迁的影响，看起来很有个性，也特别可爱，但搭配起来比较难，弄错一步整体搭配就会以失败告终，你就会变成一个别人眼中的"怪人"。**但是别担心，如果你选择素雅色较多的服装，就会很时尚。** 所谓的"素雅色"，就是含有灰色的颜色。无论什么颜色，只要有一点儿暗色，就会看起来很时尚，也很成熟。所以无论是什么图案，都可以搭配得很高雅。

今天我为了能够凸显这条复古裙，选了开司米针织衫作为上衣来搭配。开司米的上等质感，让裙子的图案看起来更高雅。同时 V 字形领口略显干练，可以让这条蓬松的裙子穿起来不会显得过于甜美。

我手里拿的这款横版波士顿包，也有复古感。因为是横版的，可以为整体搭配增添个性感。个性十足的大包，无疑可以成为整体搭配的焦点，如果是小包，可以使整体搭配看起来富有创意，所以搭配一款这样的包，就会显得与众不同。

要点
小提示

☑ 开司米面料的光泽度，可以为整体增添高雅感。

☑ 充满个性的小包，可以让整体搭配显得更漂亮。

是不是因为是素色你才选的啊？真是一位可爱的老奶奶。

Jocomomola 品牌的服装，可以不用顾忌年龄放心穿。

119.

白色搭配黑色，看起来很帅

外套 _ESTNATION
披肩 _ESTNATION
针织衫 _UNIQLO
裤子 _Spick & Span
包 _Theory
鞋 _HARUTA

个人资料

29岁/化妆品销售员/通过化妆可以改变自己的样子

强烈推荐在纯白搭配中加入一处黑色，**最亮的白色搭配最暗的黑色，色调分明，帅气、时尚。**加入黑色，比纯白搭配更简单。

在单色搭配时，虽说选择不同的面料看起来会很酷，但如果上衣是黑色的，会显得张弛有度，不用在乎面料是否相同。虽然简洁，但存在感极强，一定要记住这一点。

在选择披肩时，可以选择跟外套相同的颜色。看起来浑然一体，高级感倍增。如果你不知道选什么颜色好，那就选和外套颜色相同的吧，绝对不会出错。披肩可以随意系，不会影响整体的高雅感。

在冬天，可以搭配一款白鞋，看起来干净、清爽。白色乐福鞋是一个不错的选择，可以为整体增添高雅感。实际上，乐福鞋是极其方便的，既有浅口皮鞋的正装感，又有运动鞋的行走便利感。包和袜子也选择白色的吧，这样可以尽情享受冬日的洁白。

要点
小提示

☑ 如果外套跟披肩同色，高级感会增强。

☑ 白色乐福鞋看起来很高雅。

如果外套跟披肩同色，可以不用考虑整体的搭配效果，简单、开心。

我跟你也一样哦，围巾、手套浑然一体了。

不会丢手套哦。

120.

休闲单品搭配开司米针织衫，显得高雅

羽绒服 _UNITED ARROWS
针织衫 _UNIQLO
衬衫 _GAP
裙子 _Ranan
包 _LOWRYS FARM
鞋 _NIKE

个人资料

34岁/儿子是足球队员/总是戴着帽子

当你犹豫不决的时候，就选黑色开司米针织衫吧。在冬天，搭配黑色开司米针织衫，万事都可以解决。

原本我就喜欢穿休闲装，再加上冬季天气冷，所以全身都是休闲装。但是我发现，如果搭配一件开司米服饰，效果出奇的好，可以让你变身为一位高雅的小姐姐。如果你想叠穿，就选开司米针织衫吧。如果是运动衫，只能穿着到附近的公园玩。如果是开司米针织衫，无论是到南青山，还是到巴黎，都可以穿着外出散步。

羽绒服作为休闲装的代表，领口皮毛的质感会给人带来不同的印象。在选择的时候，可以选细腻、柔软的人造毛。皱皱巴巴的皮毛看起来会很廉价，绝对不能选。关于皮毛的颜色，可以选和外套相同颜色的，这样可以营造一种时尚感。羽绒服越修身，看起来越正式。关于面料，不要选择亮面的，要选颜色略暗的。在选择的时候唯独这一点要稍加注意，剩下的穿上就行了。

开司米针织衫里面如果搭配牛仔衬衫，会呈现一点儿调皮感，我很喜欢，而且蓝色还会为整体搭配增添一分清爽感。

**要点
小提示**

☑ 在选羽绒服时，领子要选面料细腻、柔软的。

☑ 开司米针织衫搭配牛仔衬衫，是最强组合。

这里太冷了，一到车站我就把帽子戴上了。

嗯！你是狮子吗？

？

版权贸易合同登记号　图字：01-2022-0460

图书在版编目（CIP）数据

实用穿搭术：万能基础款搭出时尚范 / (日) 和香著；陈星好译. -- 北京：电子工业出版社，2022.3
ISBN 978-7-121-43007-7

Ⅰ. ①实… Ⅱ. ①和… ②陈… Ⅲ. ①服饰美学 Ⅳ. ①TS941.11

中国版本图书馆CIP数据核字（2022）第031547号

责任编辑：王薪茜　　特约编辑：马　鑫
印　　刷：北京捷迅佳彩印刷有限公司
装　　订：北京捷迅佳彩印刷有限公司
出版发行：电子工业出版社
　　　　　北京市海淀区万寿路173信箱　邮编：100036
开　　本：880×1230　1/32　印张：8　字数：358.4千字
版　　次：2022年3月第1版
印　　次：2025年2月第3次印刷
定　　价：79.00元

凡所购买电子工业出版社图书有缺损问题，请向购买书店调换。若书店售缺，请与本社发行部联系，联系及邮购电话：（010）88254888，88258888。

质量投诉请发邮件至zlts@phei.com.cn，盗版侵权举报请发邮件至dbqq@phei.com.cn。

本书咨询联系方式：（010）88254161~88254167转1897。